青少年 科普知识 读本

打开知识的大门，进入这多姿多彩的

U0669954

远古的霸主
——恐龙

金 帛◎编著

河北出版传媒集团
河北科学技术出版社

图书在版编目(CIP)数据

远古的霸主——恐龙 / 金帛编著. --石家庄：河北科学技术出版社，2013.5(2021.2重印)

ISBN 978-7-5375-5860-0

Ⅰ.①远… Ⅱ.①金… Ⅲ.①恐龙-青年读物②恐龙-少年读物 Ⅳ.①Q915.864-49

中国版本图书馆 CIP 数据核字(2013)第 095487 号

远古的霸主——恐龙

yuangu de bazhu konglong

金帛 编著

出版发行	河北出版传媒集团	
	河北科学技术出版社	
地　　址	石家庄市友谊北大街 330 号(邮编:050061)	
印　　刷	北京一鑫印务有限责任公司	
经　　销	新华书店	
开　　本	710×1000　1/16	
印　　张	13	
字　　数	160 千字	
版　　次	2013 年 6 月第 1 版	
	2021 年 2 月第 3 次印刷	
定　　价	32.00 元	

前言

很早很早以前，人类还没有出现的时候，地球已经被一群极不寻常的爬行动物统治着。和现代很多爬行动物相似，他们大部分也长有鳞的皮肤、长长的尾巴和爪子。但和我们现在所知道的蛇、蜥蜴等不同的是，这些古老的动物通常躯体非常庞大！这使得它们不同于地球生命史上的任何其他动物。即便你发挥天马行空的想象，也难以重构那段久远的历史。它们的存在比神话故事更引人入胜。

曾经统治地球的庞然大物却遭离奇灭绝，它们是如何从地球上神秘消失的？这么厉害的角色为什么会突然灭绝？这一直是一个未解之谜，引起了世人许多的猜测，但始终没有一个确切的答案。我们虽不曾亲眼看到这些庞大的生物是怎么生活的，但我们可以从它们遗留的"宝藏"中找到蛛丝马迹，一步步地揭开恐龙的神秘面纱。

今天的人类又是通过什么途径来认识它们的？它们如何生存？它们的长相有什么奇特之处？怎样通过化石了解恐龙？天空和海洋中生活着哪些恐龙的近亲？性情各异的它们经历了怎样惨烈的争斗？从生命起源到恐龙出现，这期间又出现过哪些物种？是什么原因导致了恐龙的灭绝？……这本新奇的趣味科普书将大量恐龙知识活灵活现地展示出来。翻开本书，栩栩如生的形象就会跃入眼帘，让我们兴致盎然地探索恐龙的秘密！

《远古的霸主——恐龙》用生动流畅的语言，丰富精美的插图，生动形象地向青少年展示了神秘、有趣、耐人寻味的恐龙世界，让青少年在充满趣味的阅读中，轻松愉快地开拓视野，增长知识。

前言

第一章　走进恐龙世界

普洛特与恐龙 …………………………………… 2

恐龙时代地球形貌 ……………………………… 3

生物是恐龙世界的主题 ………………………… 4

恐龙大灭绝 ……………………………………… 6

生物灭绝的幸存者 ……………………………… 9

恐龙的后代 ……………………………………… 11

恐龙和鸟是亲戚吗 ……………………………… 13

恐龙的能量系统 ………………………………… 14

恐龙分类 ………………………………………… 15

食肉主义者和食素主义者 ……………………… 16

恐龙的鼎盛时期 ………………………………… 17

恐龙是否有胎生的 ……………………………… 19

恐龙世界之最 …………………………………… 20

第二章　兽脚类恐龙

黑瑞龙 …………………………………………… 22

伶盗龙 …………………………………………… 23

似鸟龙 …………………………………………… 30

目录

Contents

暴龙 …………………………………………………… 33

艾伯塔龙 ………………………………………………… 49

特暴龙 …………………………………………………… 52

斑龙 ……………………………………………………… 54

恐爪龙 …………………………………………………… 57

异特龙 …………………………………………………… 58

食肉牛龙 ………………………………………………… 68

第三章　蜥脚类恐龙

板龙 ……………………………………………………… 70

鲸龙 ……………………………………………………… 71

梁龙 ……………………………………………………… 72

圆顶龙 …………………………………………………… 73

雷龙 ……………………………………………………… 75

第四章　鸟脚类恐龙

禽龙 ……………………………………………………… 78

木他龙 …………………………………………………… 86

豪勇龙 …………………………………………………… 88

腱龙 ……………………………………………………… 89

目录

副栉龙 ···················· 90

棘鼻青岛龙 ·············· 95

短冠龙 ···················· 96

兰伯龙 ···················· 97

盐都龙 ···················· 98

小头龙 ···················· 99

弯龙 ···················· 100

灵龙 ···················· 102

永川龙 ·················· 104

杨氏锦州龙 ············ 105

棱齿龙 ·················· 106

第五章　剑龙类恐龙

剑龙 ···················· 110

楯甲龙 ·················· 112

埃德蒙顿甲龙 ········· 113

南极甲龙 ··············· 115

奥氏大地龙 ············ 117

乌尔禾龙 ··············· 118

勒苏维斯龙 ············ 119

嘉陵龙 ·················· 119

目录

Contents

将军龙 ……………………………………………… 120

巨刺龙 ……………………………………………… 121

沱江龙 ……………………………………………… 122

米拉加亚龙 ………………………………………… 123

营山龙 ……………………………………………… 124

西龙 ………………………………………………… 124

重庆龙 ……………………………………………… 125

钉状龙 ……………………………………………… 126

锐龙 ………………………………………………… 128

第六章　角龙类恐龙

鹦鹉嘴龙 …………………………………………… 130

原角龙 ……………………………………………… 131

尖角龙 ……………………………………………… 133

三角龙 ……………………………………………… 134

牛角龙 ……………………………………………… 141

河神龙 ……………………………………………… 141

独角龙 ……………………………………………… 142

亚伯达角龙 ………………………………………… 143

短角龙 ……………………………………………… 144

戟龙 ………………………………………………… 145

目录

野牛龙 ······················ 147

厚鼻龙 ······················ 149

开角龙 ······················ 150

无鼻角龙 ····················· 151

准角龙 ······················ 152

双角龙 ······················ 153

第七章　甲龙类恐龙

雪松甲龙 ····················· 156

漂泊甲龙 ····················· 157

戈壁龙 ······················ 157

牛头怪甲龙 ···················· 158

怪嘴龙 ······················ 159

装甲龙 ······················ 160

牛头龙 ······················ 161

林龙 ······················· 162

甲龙 ······················· 163

绘龙 ······················· 165

美甲龙 ······················ 166

篮尾龙 ······················ 166

多智龙 ······················ 167

目录

Contents

白山龙 ·················· 168

多刺甲龙 ·················· 168

敏迷龙 ·················· 169

萨尔塔龙 ·················· 170

第八章　恐龙的"同龄人"命运

曲颈龟亚目 ·················· 174

菊石亚纲 ·················· 175

犬齿兽亚目 ·················· 176

真双型齿翼龙 ·················· 177

鱼龙类 ·················· 179

翼龙目 ·················· 182

异齿龙 ·················· 188

杯鼻龙 ·················· 189

二齿兽类 ·················· 190

沧龙 ·················· 192

蛇颈龙 ·················· 193

三叶虫 ·················· 195

走进恐龙世界

恐龙是中生代的多样化优势脊椎动物，支配全球陆地生态系超过一亿六千万年之久。最早出现在两亿三千万年前的三叠纪，灭亡于约六千五百万年前的白垩纪晚期。

普洛特与恐龙

曼特尔夫人发现恐龙的故事确实很浪漫，曼特尔先生又能够以一种严谨求实的态度来探索恐龙的归属问题，确实是迈出了人类科学地研究恐龙、认识恐龙的第一步。

但是在历史上，人类早就发现过恐龙的化石，只不过是当时由于知识水平有限，还不能对这些化石进行正确的解释而已。

早在 1000 多年前我国的晋朝时代，四川省五城县就发现过恐龙化石。但是，当时的人们并不知道那是恐龙的遗骸，而是把它们当做是传说中的龙所遗留下来的骨头。

英国里丁大学的一位名叫哈士尔特德的研究人员根据一部历史小说《米尔根先生的妻子》中发现的线索，经过很长时间的研究，翻阅了大量的资料，最近宣布他终于发现了如下的事实：1677 年，一个叫普洛特的英国人编写了一本关于牛津郡的自然历史书。

在这本书里，普洛特描述了一件发现于卡罗维拉教区的一个采石场中的巨大的腿骨化石。普洛特为这块化石画了一张很好的插图，并指出这个大腿骨既不是牛的，也不是马或大象的，而是属于一种比它们还大的巨人的。

虽然普洛特没有认识到这块化石是恐龙的，甚至也没有把它与爬行动物联系起来，但是他用文字记载和用插图描绘的这块标本已经被后来的古生物学家鉴定出来是一种叫做巨齿龙的恐龙的大腿骨，而这块化石的发现比曼特尔夫妇发现禽龙早出 145 年。

因此，哈士尔特德认为，普洛特应该是恐龙化石的第一个发现者和记录者。

恐龙时代地球形貌

恐龙时代的地球与现在的地球迥然不同。从那时候起，新海洋形成了，大陆改变了位置，新山脉从平地隆起。这些都是由组成地球表面的巨型岩石——板块运动所引起的。

漂移的大陆

地球由不同的地层组成。板块组成了地球的表面或者说地壳，它覆在地幔的上面。地幔的一部分是熔融的，它们在不停地运动，带动上面的板块。板块的移动速度大约每年 5 厘米，但经过数百万年的时光，这足以令大陆漂移一段极远的距离。在恐龙生活的年代，这些大陆所在的位置与今天大不相同。

运动的山脉

在恐龙存活的时候，今天的一些山脉还尚未形成。比如说，喜马拉雅山脉在恐龙灭绝 500 万年之后才形成，是由亚洲板块和印度洋板块相互碰撞产生的。地壳产生褶皱隆起，从而诞生了世界上最高的山脉。像这样由两个板块碰撞而形成的山脉被称为褶皱山。

化石证据

化石可以帮助我们推测大陆是如何漂移的。古生物学家们经常能在几个被海洋分离的大陆上发现同一种动物的化石。之所以该种动物分布在各个大陆，是因为这些大陆在它们存活的时候是连在一起的。

海洋的改变

板块运动也改变了海洋的形状和大小。当两个板块在海底相互碰撞时，其中一个板块会被挤到另一个板块底下，并在那里融入到地幔中。而在其他地方，板块与板块互相漂离，产生裂缝。岩浆从裂缝处溢出，并把它填满，从而加宽了海洋。

生物是恐龙世界的主题

大多数科学家认为生物在漫长的岁月里逐渐改变，这种思想被称作"生物进化论"。科学家们试图用生物进化论来解释恐龙的起源和它们的灭绝。

化石档案

至今发现的全部化石统称为化石档案。化石档案向我们表明，在漫长的年代里动物和植物是如何演变的。从化石档案我们得知，最早的生物是一种细菌，它们在35亿年前就在地球上出现了。经过千百万年的演化，这些细菌最终进化成了最初的动物和植物。

变化的世界

生物随着时间改变是因为环境总是在发生变化。"物竞天择，适者生存"，存活下来的动物将它们的优良基因遗传给后代。这就是著名的"自然选择"。一些至今存在的动物能很好地支持这一学说。例如，许多生活在寒冷气候条件下的动物为了适应环境进化出了厚厚的皮毛，这样可以帮助它们保持体温。

外形和大小

大陆漂移同样影响了恐龙的进化。在三叠纪时期，各个大陆连成一片泛古陆，全世界的恐龙都很相似。当泛古陆分裂成各个大陆时，恐龙们为适应不同的环境进化出不同的外形和大小。

进化的特征

一些恐龙的特征是因为环境中的其他动物而衍生的。例如，甲龙为了抵御肉食恐龙的袭击，逐渐地进化出骨板和骨钉。古生物学家们还认为，恐龙为了繁衍后代会进化出某些特性。长角的恐龙，如五角龙和开角龙，可能是为了吸引异性才进化产生角的。

恐龙大灭绝

在白垩纪末期，地球上的生物经历了一次大灭绝。在陆地上，体长超过2米的动物全部灭绝，70%的海洋生物也没有幸免。没有一只恐龙在大灭绝中存活下来。科学家们仍在努力探究其中的原因。

中生代之谜

并没有多少证据可以向我们表明，6500万年前到底发生了什么。大多数科学家认为小行星撞击地球杀死了所有的恐龙，而部分科学家坚持是气候的剧变或火山的喷发使恐龙从地球上消失。

相关证据

为了发现更多关于生物大灭绝的真相，科学家们研究了从白垩纪末期（6500万年前）到第三纪初期这段时期里的岩石。如果记白垩纪为"K"、第三纪为"T"，那么这些岩石来自"K～T"分界期。

熔岩流

在白垩纪末期，世界范围内的火山活动加剧。比如，在印度，大片的火山熔岩汇成了洪流。熔岩流硬化成为岩石，今天这些岩石能在"K～T"分界期中找到，即著名的德干岩群。

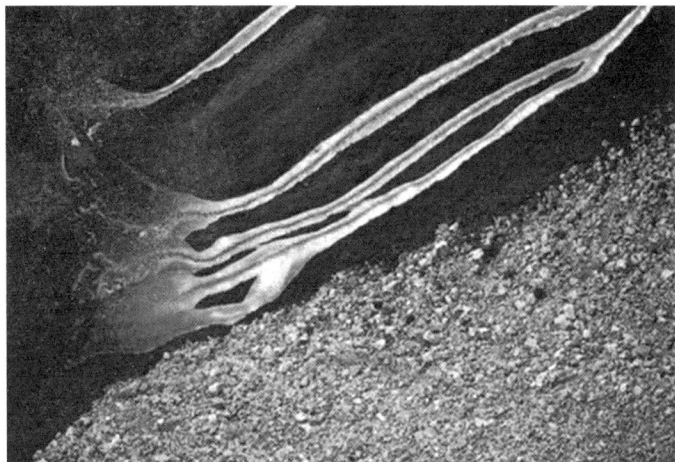

火山致死

　　熔岩流可以彻底地破坏恐龙的栖息地，也可以杀死所到之处的每一只恐龙。火山喷射出的有毒气体更加致命，甚至可以危害尚在蛋中的恐龙胎儿。火山气体还可以改变气候。科学家们认为这些气体可能使气候变得太热或者太冷，致使恐龙无法在地球上生存。

飞来横祸

大约就在恐龙灭绝的那个时期，一颗直径 10 千米的巨型小行星撞击了地球。科学家们认为，在墨西哥的希克苏鲁伯发现的巨大陨坑就是这颗小行星造成的。更多支持小行星撞击论的证据来自分布在世界各地的含有金属元素铱的"K～T"分界期岩石。铱在地球上属于稀有元素，却在小行星上大量存在。

致命的撞击

大型小行星撞击地球产生的后果足以杀死所有的恐龙。这样的撞击会将熔融的残骸散落在地球的表面，造成全球性的火灾。它也能引起一连串的毁灭性的地震和火山喷发，它们产生的尘埃遮蔽了阳光，带给地球一段长达数年的冰冷且黑暗的岁月。

生物灭绝的幸存者

并非所有生物都被"K~T"分界期的大灭绝抹杀。小型蜥蜴、鸟类、昆虫、哺乳动物和蛇都存活了下来，虽然所有的恐龙都灭绝了。科学家们仍对为什么一些生物存活而另一些灭绝的原因抱有怀疑。

小生还者

科学家们认为体型相对较小的动物从大灭绝中存活下来的一个原因是它们的饮食习惯。小型动物的食物构成非常复杂，而大型动物往往依赖某种固定的食源。如果这种食源灭绝了，以之为食的大型动物也将面临灭绝。

新 生 命

地球上每次生物大灭绝之后，紧随其来的都是物种进化的大爆发。中生代之前的二叠纪以造成95%的地球物种大灭绝而告终。这次大灭绝导致了恐龙的进化，而恐龙的消亡则给其他动物的发展留出了空间。从此，哺乳动物和鸟类在地球上兴起，发展演化成许多不同的种类。

中生代哺乳动物

哺乳动物大约在2.03亿年前出现，但与恐龙相比，它们只是矮小的侏儒。最早的哺乳动物能够存活下来的原因是它们体型很小，并且大体上只在夜间活动。与恐龙不同，哺乳动物在中生代并没有太大的变化，在超过1亿年的岁月里，它们始终保持着矮小的个头。

哺乳动物的崛起

恐龙消亡之后，哺乳动物逐渐进化直至占据了地球上几乎每个角落。一类以昆虫为食的哺乳动物进化成为蝙蝠，它们长长的趾骨之间长出了翼状的表皮，使它们能够飞翔。一些陆生哺乳动物迁徙到了海洋，为了适应水生生活演化为流线型的身体。它们中的一些依旧以昆虫为食，另一些则转为草食或肉食来适应环境。

人类的起源

有一类哺乳动物被称为灵长类，它们在树上生活。经过几百万年，灵长类进化成猿，然后又进化成为人类。最早的人类出现在距今230万年前。相比曾经统治地球长达1.75亿年的恐龙，人类在地球上还只是存在了很短的一段时间。

恐龙的后代

通过比较已知最早的鸟类和小型兽脚类恐龙的骨骼化石，科学家们得出结论：鸟类是恐龙的直系后代。鸟类和恐龙有如此多的相似之处，因而许多科学家把鸟类称为"鸟恐龙"。

共有特征

古生物学家们认为，鸟类是从一类称作驰龙的恐龙进化而来的。这种恐龙拥有鸟类的特征，包括中空的骨骼和长有长羽毛的前肢。

驰龙和鸟类还长有相似的腕关节。驰龙的腕关节使它们能够折叠前爪紧贴臂部，以保护爪上的羽毛。而鸟类在扑打翅膀时有同样的动作。

早期鸟类

有一种观点认为最早的鸟类是始祖鸟，出于在侏罗纪晚期。古生物学家视始祖鸟为恐龙和鸟类中间的分界点。和恐龙一样，始祖鸟长有长长的、由骨节连成的尾部，并长有尖利的牙齿和纤长的弯爪脚趾。但是，它的特征相对更接近现生鸟类，并已进化出飞行的本领。

进化的断链

某些化石，如在中国发现的白垩纪时的孔子鸟，揭示了中生代似恐龙鸟类是如何逐渐演变成为现生鸟类的。与现生鸟类不同，孔子鸟的翅膀上长有爪子，也没有现生鸟类特有的扇状尾羽。但它长有和现生鸟类一样的脚趾，令它能够栖停在树枝上。孔子鸟也是已知最早长有无齿喙的鸟类。

学习飞行

古生物学家对于鸟类最初是如何起飞并飞行的不太确定。有的认为鸟类进化出翅膀，帮助它们从一棵树滑翔到另一棵树，然后才进化出了拍翅飞行的能力。另一种理论则认为，鸟类在陆地上助跑然后跳起来扑食猎物，在这个过程中它们学会了飞行。最新的一种观点是，它们起初是为了爬上斜坡而拍打翅膀的。

成功的物种

如今，世界上生活着超过 9000 种的数千亿只鸟。鸟类是数量最多、种类最丰富的动物之一。它们全是小型兽脚类恐龙的后代，这一点让人难以置信。

在遥远的中生代时期，地球上曾居住着一群奇特的动物——恐龙，它们是陆地上的霸主，称霸地球 1 亿 6000 万年。你是否对这一切充满着好奇？本章带你开始一段神奇的中生代之旅，带你回到那个神秘的恐龙时代，饱览这幅浩瀚壮阔的恐龙时代画卷。

恐龙和鸟是亲戚吗

研究其个体、种群之间的关系渐趋成为时尚，这不，科学家们正在研究恐龙与鸟的关系。

恐龙与鸟之间有什么关系？一般说来，恐龙是庞然大物，要么凶猛无比，要么非常笨重。总而言之，与天空中飞翔的美丽的鸟是截然不同的两种动物。实际上，恐龙和鸟类之间的差别并不如人们想象的那么大，它们之间存在着很近的亲缘关系。现在大部分古生物学家都认为，鸟类就是由这类恐龙演化而来的。甚至有人干脆认为：鸟就是活着的恐龙。1996 年和 1997 年，在中国辽宁北票四合屯地区发现了几件震惊世界的脊椎动物化石标本，起先，研究人员把它归为鸟类，即后来引起世界瞩目的"中华龙鸟"。"中华龙鸟"的结构有些类似于鸟类"始祖鸟"的结构，也非常类似于鸟类。后来，古生物学家进一步研究了"中华龙鸟"，发现它实际上是一种较为原始的小型兽脚类恐龙。不仅如此，研究还证明了"始祖鸟"实际上也是一种小型兽脚类恐龙，只不过它的形态比"中华龙鸟"更为接近于鸟类。总体上"始祖鸟"与发现于中亚和北美的一类小型兽脚类恐龙——驰龙科的一些属种十分接近。

人们过去认为叉骨、胸骨、中空的骨骼、很长的前臂和能够侧收的腕部是鸟类的骨骼特征，只有鸟类具有孵卵行为，照顾幼雏。而今，科学家们发现小型兽脚类恐龙也具有同样的习性。

人们不禁感到疑惑：恐龙和鸟怎么区分？我们知道有些恐龙有翅膀能飞翔，现在如果说它也是一种鸟，只是它的羽毛在成为化石过程中完全消失了也未尝不可。

的确，现在人们在地层中发现的恐龙化石令学者们也弄不清楚是恐龙还是鸟，但至少说明恐龙和鸟类或许有着一定的亲缘关系。

或许，鸟与恐龙几千万年以前真是一家，或许根本就是"素不相识"。

最终的定义，还有待我们的科学家们找出实证，为鸟与恐龙"拉上关系"。

恐龙的能量系统

恐龙是热血动物吗？这是发生在 20 世纪 70 年代古生物学界一场论战的中心课题。众所周知，自从人类了解到在我们的地球上曾出现过恐龙这类巨物之后，动物学家和古生物学家便把它归入爬行动物的范畴，而体温随外界的温度高低而变化，恰恰是爬行动物的最大特征之一，因此，所有的科学家都天经地义地认为，恐龙属于冷血动物或变温动物。

但是在 1972 年，美国哈佛大学学者鲍勃·贝克提出恐龙是具有热血生理的，极为敏捷活跃的动物，并认为恐龙并没有断子绝孙，鸟类就是恐龙的后裔。为了证实自己的论点，贝克列举了许多研究证据。

这位学者指出，动物的肢体状况能反映出它对能量的需求。如果它采用"完全直立"的姿势，这就说明这类动物动作敏捷、行动活跃，因而也就需要更多的能量；而要维持这样高的能量输出，只有热血动物才能够做到。根据恐龙的骨骼研究已经知道，它的肢体是完全直立的，腿也长，从理论上估计其奔跑速度非常快，可以达到每小时 26～96 千米，显然应该是热血动物。

此外，贝克还提出了"共同结构"的理论。这种理论认为温血动物需要更多的能量，因此，也就需要吃更多的肉食，它们所捕杀的动物要比冷血食肉动物更多，结果从恐龙的动物群组合中证实了这一点，那就是食肉性的恐龙所占的比例相当之低，由此也能说明恐龙是热血动物。

这一理论引起了巨大反响，有些学者提出了补充该理论的研究结果。英国学者 A. J. 德斯蒙德在他所著《热血恐龙》一书中指出，恐龙类里很少有身体小巧的小型恐龙，因为一只小型的热血动物，如果身体外表没有毛发或羽毛的绝缘覆盖物，就会迅速地散失自己的体温，而恐龙差不多都是庞然大物，所以不会太快地失去体热。其次，在一些最为庞大的恐龙脊椎骨里，有一些巨大的空腔，这表明恐龙可能也有鸟类那样的一个气囊系统，使肺部能更有效地换气和更充分地从空气中摄取氧气。还有，恐龙都具有一个较为完整的次生腭，有了这个腭就能边吃食物边呼吸，而任何一种热血动物都需要持续不断地进行呼吸。

热血恐龙的理论导致了古生物学上的一场革命，它打破了许多传统观念，但同时也遭到了许多古生物学者的强烈批评和抨击，尤其是遭到了生理学家们的反对。以大英博物馆研究古代爬行动物和鸟类的学者艾伦·查理吉为代表的学者们，不赞成"共同结构"的理论，他提出作为热血动物的鸟类虽然可能是恐龙的后裔，但不承认所有的恐龙都起源于共同的祖先。到目前为止，恐龙是否属于热血动物的争论还在继续，谁是谁非还有待于进一步的研究才能做出结论。

恐龙分类

恐龙与其他爬行动物的最大区别在于它们的站立姿态和行进方式。恐龙具有全然直立的姿态，其四肢构建在其躯体的正下方位置。这样的架构要比其他种类的爬行动物（如鳄类，其四肢向外伸展），在走路和奔跑上更为有利。根据恐龙腰带的构造特征不同，可以划分为两大类：蜥臀目（Saurischia）和鸟臀目（Ornithischia）。

其区别主要是：蜥臀目的腰带从侧面看是三射型，耻骨在肠骨下方向前延伸，坐骨则向后延伸，这样的结构与蜥蜴相似；鸟臀目的腰带，肠骨前后都大大扩张，耻骨前侧有一个大的前耻骨突，伸在肠骨的下方，后侧更是大大延伸与坐骨平行伸向肠骨前下方。因此，骨盆从侧面看是四射型。不论是蜥臀目还是鸟臀目，它们的腰带在肠骨、坐骨、耻骨之间留下了一个小孔，这个孔在其他各个目的爬行动物中是没有的。正是这个孔表明，与所有其他各个目的爬行动物相比，被称为恐龙的这两个目之间有着最近的亲缘关系。

蜥臀目分为蜥脚类（Sauropoda）和兽脚类（Theropoda）。

蜥脚类又分为原蜥脚类和蜥脚形类。原蜥脚类主要生活在晚三叠纪到早侏罗纪，是一类杂食-素食性的中等大小恐龙。蜥脚形类主要生活在侏罗纪和白垩纪。它们绝大多数都是巨型的素食恐龙。头小，脖子长，尾巴长，牙齿成小匙状。蜥脚亚目的著名代表有产于我国四川、甘肃晚侏罗纪的马门溪龙，由19节颈椎组成

的脖子长度约等于体长的一半。

兽脚类生活在晚三叠纪至白垩纪。它们都是肉食龙，两足行走，趾端长有锐利的爪子，头部很发达，嘴里长着匕首或小刀一样的利齿。霸王龙是著名代表。

鸟臀目分为 5 大类：鸟脚类（Ornithopoda）、剑龙类（Stegosauria）、甲龙类（Ankylosauria）、角龙类（Ceratopsia）和肿头龙类（Pachycephalosauria）。

鸟脚类是鸟臀类中乃至整个恐龙大类中化石最多的一个类群。它们两足或四足行走，下颌骨有单独的前齿骨，牙齿仅生长在颊部，上颌牙齿齿冠向内弯曲，下颌牙齿齿冠向外弯曲。它们生活在晚三叠纪至白垩纪，全都是素食恐龙。

剑龙类，四足行走，背部具有直立的骨板，尾部有骨质刺棒 2 对，剑龙类主要生活在侏罗纪到早白垩纪，是恐龙类最先灭亡的一个大类。

甲龙类的恐龙体形低矮粗壮，全身披有骨质甲板，以植物为食，主要出现于白垩纪。

角龙类，是四足行走的素食恐龙。头骨后部扩大成颈盾，多数生活在白垩纪晚期，我国北方发现的鹦鹉嘴龙即属角龙类的祖先类型。

肿头龙类主要特点是头骨肿厚，颞孔封闭，骨盘中耻骨被坐骨排挤，不参与组成腰带，主要生活在白垩纪。

食肉主义者和食素主义者

从地层中发掘出的恐龙化石，素食恐龙的数量要比肉食恐龙的数量多得多。在一定的生活领域内，两类恐龙保持着比较固定的比例。

古生物工作者对加拿大阿尔伯达恐龙公园出土的大量恐龙化石标本进行了统计和估算，得出的结论是：肉食龙与素食龙体重的比例是 6：100 左右。

在一个被统计的区域内，素食恐龙共有 233 具，其中鸭嘴龙类有 127 个，甲龙类有 37 个，角龙类有 69 个；肉食恐龙是霸王龙，共有 21 个。

估计成年恐龙的体重：鸭嘴龙为 2200 千克，甲龙为 2000 千克，角龙为 2000 千克，霸王龙为 1500 千克。它们都是大型恐龙，是这一生态环境的主角。

在这里，素食龙与肉食龙之间在数量上达到了生态平衡。它们互相依存，互相制约，谁也不能少了谁。

没有素食恐龙，肉食龙就会断炊，就会饿死；没有肉食恐龙，素食恐龙就会无限制地繁殖，从而出现"人口"大爆炸。它们会吃光所有能吃的植物，毁掉赖以生存的家园，最后病饿而死。

有这样一个事实，足以证明这一点。

在美国北亚利桑那州有个凯巴伯森林。100 年以前，森林中的树木郁郁葱葱、生机勃勃。那时林中栖息着约 4000 多头鹿，但同时也有鹿的死敌——狼。

狼历来名声不好，凶残贪婪、可恶之极，凯巴伯森林中的狼自然也不是好东西。可鹿的名声却很不错，是美丽善良的化身，是应当受到人们保护的对象。

当时，美国总统罗斯福听到了这个消息，知道竟然有狼在凯巴伯森林里为非作歹，残害鹿群，不禁大发恻隐之心，决定要给狼一点厉害看看。

总统一声令下，荷枪实弹的猎手拥进森林，杀戒大开，见狼就打。打了整整 25 年，终于 6000 多只狼全被歼灭。

森林里没有了狼，鹿群的繁殖失去控制，数量激增，总数很快超过了 10 万。食物出现严重匮乏，饥荒蔓延，树木枯萎，大量的鹿病的病死，饿的饿死，到 1942 年，仅剩 8000 头，而且都是病残之躯！

这一切都是因为生态不平衡引起的。因此，肉食恐龙与植食恐龙是无法分开的。

恐龙的鼎盛时期

侏罗纪是恐龙的鼎盛时期，在三叠纪出现并开始发展的恐龙已迅速成为地球的统治者。各类恐龙济济一堂，构成一幅千姿百态的龙的世界。当时除了陆上的身体巨大的雷龙、梁龙等，水中的鱼龙和飞行的翼龙等也大量发展和进化。

鸟类的出现则代表了脊椎动物演化的又一个重要事件。1861 年在德国巴伐利亚州索伦霍芬晚侏罗纪地层中发现的"始祖鸟（Archaeopteryx）"化石公认为是最古老的鸟类代表。1996 年，我国古生物学家在辽宁发现的"中华龙鸟（Sinosauropteryx）"化石得到了国际学术界的广泛关注，为研究羽毛的起源、鸟类的起源和演化提供了新的重要材料。伴随着鸟类的出现，脊椎动物首次占据了陆、海、空三大生态领域。

侏罗纪的昆虫更加多样化，大约有 1000 种以上的昆虫生活在森林中及湖泊、沼泽附近。除原已出现的蟑螂、蜻蜓类、甲虫类外，还有蛴螬类、树虱类、蝇类和蛀虫类。这些昆虫绝大多数都延续生存到现代。

在侏罗纪的植物群落中，裸子植物中的苏铁类、松柏类和银杏类极其繁盛。蕨类植物中的木贼类、真蕨类和密集的松、柏与银杏和乔木羊齿类共同组成茂盛的森林，草本羊齿类和其他草类则遍布低处，覆掩地面。在比较干燥的地带，生长着苏铁类和羊齿类，形成广阔常绿的原野。侏罗纪之前，地球上的植物分区比较明显，由于迁移和演变，侏罗纪植物群的面貌在地球各区趋于近似，说明侏罗纪的气候大体上是相近的。

英国约克的大学科学家称，在未来一个世纪内全球气候转暖将导致"恐龙时代"的再现！由于地球气温持续上升，将达到恐龙时代的气候温度，到那时地球至少有一半的物种将灭亡！

来自英国约克大学的克里斯·托马斯在每年召开的英国科学促进协会上指出："在未来百年内，不仅二氧化碳指数达到 2400 万年以来最高纪录，而且全球平均气温将达到 1000 万年来的最高纪录。地球很有可能已濒临大灭绝的边缘。"据了解，科学家们预言到 2100 年全球温度将增长 2~6℃。

其主要原因是由用作运输或动力的燃料产生二氧化碳等大量温室气体排放至大气中造成的。托马斯说："如果这个十分偏激的气候预言成为现实，地球将重返恐龙时代的气候，这是地球生物数百万年以来未曾遭遇的生存环境。因此没有任何一种生物能完全顺应这种气候。"

在未来一个世纪，地球 10% ~99% 的物种面临着进化史上的最后生存阶段，这将导致地球 50% 的物种彻底消失。托马斯称，通过气候模型预测的科学观测报告显示，地球上 80% 的物种已变迁其传统的生存范围以适应改变的气候状态。这与全球转暖有着非常高的相互关系。不仅是爬行动物、鸟类和昆虫出现生存环境变迁，植被生态也出现这一现象。比如：气候变化引起的真菌泛滥繁殖，现已导致地球 1% 的两栖物种消失。

托马斯指出，不仅许多物种寻找不到合适的生存空间，同时还得面对迫使它们离开自己的领地的那些入侵物种。随着气候转暖，地球许多物种不仅出现灭绝现象，还将形成前所未有的物种大混合，物种的多样化将逐渐消失。这种变化要比物种的进化速度更快。100 年的时间对于地质年代而言只是一个短暂的瞬间。

恐龙是否有胎生的

恐龙是卵生的，人们对此一直是深信不疑。出土的恐龙化石就是铁证。但是，美国科罗拉多大学博物馆古生物馆馆长贝克却说，雷龙可能不是卵生，而是胎生的。

雷龙是世界上最大的恐龙之一，生活在 1.2 亿年前。贝克研究了 40 ~50 具成年雷龙的骨架，发现它们的盆骨腔比其他大多数恐龙都宽得多。这样宽的盆骨腔，足以容纳下雷龙的胎儿，而且还能顺利地分娩。其他恐龙由于盆骨腔小，就做不到这一点。

1910 年，人们曾发掘出一具成年雷龙的化石骨架，而在这一骨架中竟包含有一个小雷龙的骨架。当时有人猜测，这一大一小 2 具骨架，是被水冲到一起的。

但后来贝克仔细研究了这一标本，得出的结论却是：这是雌雷龙和它的还未出世的胎儿的遗骨！这位学者相信，雷龙妈妈不产卵，而是直接生出龙宝宝，就

走进恐龙世界 远古的霸主

19

像现在的大象一样。

小雷龙出世后，一直处在父母的保护下，因为曾发现过雷龙的脚印化石，其间大脚印中出现小脚印。

从这些小脚印看，它们的体重大约不小于135千克。没有发现更小的脚印。说明小雷龙一生下来，就已经达到一定大小，能很快自己走动。如果是从蛋里孵化出来的，小雷龙就不可能有这么大。

还有，贝克花了好几年的时间去寻找雷龙的蛋化石，但始终没找到。在中生代时，这类恐龙曾成群结队地出没在北美大陆的湖滨沼泽地带。如果雷龙是下蛋的，就不难找到它们的蛋化石或蛋壳化石残片。

对雷龙是胎生的还是卵生的问题，现在还没有一个肯定的结论。但值得一提的是，爬行动物中，虽然大多数是卵生的，但也有少数是胎生的，如现生的蛇类、蜥蜴类中就有这样的成员。与恐龙同时代的鱼龙是胎生，在德国还发现过鱼龙生仔的化石呢！

恐龙世界之最

现在已知的最长的肉食性恐龙是棘龙，身长16～19米，重16～26.5吨。

最大的植食性恐龙是易碎双腔龙，身长可达58米，重150～180吨。

最小的恐龙体型竟然就相当于鸽子的大小。

目前已知最小型的成年恐龙标本属于近鸟龙，体重约为110克。

最小型的草食性恐龙则是微角龙与皖南龙，身长约60厘米。

最早的恐龙是阿根廷月亮谷地区发现的始盗龙，生活于晚三叠纪。

体形最大的恐龙是易碎双腔龙体长58～62米，重150～180吨。

体形最小的恐龙是近鸟龙，体长30厘米，重350克。

牙齿最长的恐龙是霸王龙，牙齿超过30厘米。

兽脚类恐龙

两足行走。最早出现于晚三叠世。具有快速奔跑和掠食的能力，包括两类：一类个体较小，身体轻巧，肢骨内中空的虚骨龙类，另一类是个体中等到大型，身体沉重的肉食龙类。它们的后肢强健，有三个发挥作用的长脚趾着地，趾端长有钩状的爪子，前肢显著短于后肢，适于抓捕猎物。

黑 瑞 龙

黑瑞龙（Herrerasaurus）是距今约 2.3 亿年前的三叠纪后期的初龙。它是速度相当快的两足食肉动物。身长约 5 米，重约 300 千克，头大颈短，是最早的肉食恐龙之一，在阿根廷已发现其数个遗骸。

古生物学家一直都想知道最早的恐龙是怎样的，而阿根廷西北部隐藏了这个接近问题最早的线索。这个线索则来自一种被称为边缘恐龙的恐龙——黑瑞龙。边缘恐龙代表这种恐龙的特征只是刚刚符合分类为恐龙的条件。可见这种恐龙的年代十分久远，相比起大部分恐龙的结构来得原始。

古生物学家 Victorino Herrera 首先于 1958 年发现了不完整的化石，而这种恐龙也是为纪念其发现者而命名为 Herrasaurus 的。完整的化石要等到 1988 年，即第一次发现三十年后才被 H. Ischigualastensis Paul 发现。这次出土的化石包括恐龙较完整的骨骼化石，还有一些较零碎的碎片。这次发现提供了足够的资料，允许古生物学家重新组合这种历史悠久的恐龙。

1993 年，芝加哥大学的 Paul Serino 在《脊椎动物古生物学期刊》上发表了一系列的论文，认为黑瑞龙是三叠纪时期的巨型食肉动物。

黑瑞龙是早期食肉恐龙，有尖锐的牙齿和爪、强而有力的前肢等。它们骨骼轻巧，所以古生物学家相信它们是敏捷的猎食者。它们有 3~4 米的高度，在早期来说算是巨型。耳骨则显示这种恐龙可能有着灵敏的听觉。

虽然已找到较为完整的化石，但是由于化石稀少，古生物学家只能够确认黑瑞龙的几种特点。以前专家估计这种恐龙的结构类似早期的蜥臀目恐龙，所以把它归类为蜥臀目恐龙。不过古生物学家在研究过其臀骨结构后，发现这种结构并不是独特的。而且在南美洲的中、晚期三叠纪地层发现了另外一些恐龙，这些恐龙被认为与黑瑞龙有血缘关系。这些恐龙包括巴西南部发现的 Staurikosaurus（南十字龙）和 Ischisaurus Cattoi 等，另外，美国亚里桑那州发现的 Chindesaurus（魔鬼龙）也被认为和黑瑞龙有关系。这些都证明了恐龙同源说，因为往后不少肉食恐龙都和黑瑞龙有相同之处。有分析指出蜥臀目恐龙，甚至兽脚类恐龙都和黑瑞龙有关系。这些发现都提供了重要线索，让古生物学家能够估计最早恐龙的样貌。

伶 盗 龙

  伶盗龙（Velociraptor）又译迅猛龙、速龙，在拉丁文意为"敏捷的盗贼"，是一种蜥臀目兽脚亚目驰龙科恐龙，大约生活于8300万~7000万年前的晚白垩纪。伶盗龙的模式种为蒙古伶盗龙（V. mongoliensis），也是目前唯一确定的已知种。伶盗龙由著名古生物学家奥斯本于1924年在蒙古发现，这是第一种亚洲驰龙类。其他驰龙类皆在北美洲发现。

  伶盗龙的体型接近火鸡，小于其他的驰龙科恐龙，例如恐爪龙与阿基里斯龙，但它们之间仍有许多相同的生理特征。伶盗龙是种二足、肉食性的有羽毛的恐龙，具有长而坚挺的尾巴，低矮的头颅骨，以及朝上微翘的口鼻部。

  伶盗龙尖牙利爪，能高速奔跑，加上它家喻户晓的知名武器——长约9厘米的第二趾是它捕杀猎物的主要武器。其捕猎手段为：一只脚着地，另一只脚举起第二趾，先用前肢上的利爪钩住猎物，一跃而起，用镰刀足扎进猎物的腹部，然后用力撕咬猎物的脖子等致命部位，开膛破肚，一下置于死地。

  由于沙漠之中的降雨主要集中在一个月里，这时食物充沛，没有形成大群的必要，所以这时它们会结成小群行动，到了旱季，猎物渐渐稀少，它们往往集结成大群，以便捕杀大猎物。

  伶盗龙往往选择大部分动物都处在繁殖期的雨季捕猎小动物。伶盗龙通常在小猎物频频出没的沙丘、林地边缘或固定水源进行埋伏。当猎物进入视线时，它们就会更加谨慎，慢慢潜伏到离猎物100米左右的地方，做好冲刺的准备。然后，它们会一跃而起，以每小时60千米的速度冲向猎物，再开膛破肚，慢慢享用。

  到了旱季，其他恐龙开始了小规模的迁徙，大漠上数量最多的是似鸡龙。似

鸡龙常常在开阔地段行动，根本没有遮挡物进行埋伏。所以，它们只能采取正常的追逐策略。当似鸡龙群发现伶盗龙之后，会迅速逃跑。虽然似鸡龙的速度很快，但是，它们很没耐力，过不了多久就会慢下来，这时的伶盗龙会分离出来一个单独的目标，把它包围起来，然后围成梅花阵再渐渐收缩阵形。内圈的伶盗龙会跳到猎物身上，用前肢抓住猎物，后爪刺进猎物身体里，然后向后猛拽，再迅速跳开，即使猎物没有被它拽倒，那也会在几轮进攻之后失血过多。接下来，就可以慢慢享用了。

伶盗龙是最广受一般大众熟悉的恐龙之一，这是因为它们在麦克·克莱顿（Michael Crichton）的小说《侏罗纪公园》（Jurassic Park）以及同名电影中的抢眼表现，但小说与电影版本对于伶盗龙的描述有误。对于古生物学家而言，伶盗龙则是种重要的恐龙，目前已发现超过12个伶盗龙的化石，是驰龙科中数量最大的。而其中一个著名的标本，则保存了与原角龙缠斗中的伶盗龙。

伶盗龙是一种小型驰龙类，成年体长约2.07米，臀部高约50厘米，体重推测约15千克。与其他驰龙类相比，伶盗龙具有相当长的头颅骨，长达25厘米；口鼻部向上翘起，使得上侧有凹面，下侧有凸面。它们的颚部有26~28颗间隔较大，且后缘带有锯齿的牙齿，这一特征证明它们可能是捕食行动迅速猎物的活跃捕食者。它们的大脑较大，脑重/体重比在恐龙中属于最大的之列，显示它们是一种非常聪明的恐龙。

类似其他驰龙类，伶盗龙具有大型手部，在结构与灵活性上类似现代鸟类的翅膀骨头。手部有3根锋利且大幅弯曲的指爪，中间的指爪是当中最长的一根，而第一根指爪是最短的。伶盗龙的腕部骨头结构可以做出往内转以及向内抓握的动作，而非向下抓握，非常灵巧。

如同其他的兽脚类恐龙，伶盗龙的第一根脚趾是小型的上爪。但与其他以3根脚趾行走的兽脚类恐龙相比，驰龙科如伶盗龙只依靠后肢的第三、四趾行走（驰龙类都是这样）。伶盗龙的第二脚趾可以向上收起离开地面，上有大型镰刀状的趾爪，这是它们著名的重要原因，也是驰龙科与伤齿龙科的典型特征。这些趾爪的外缘长度可达65毫米，是可怕的攻击武器，可能用来撕开猎物。

伶盗龙尾椎上侧的前关节突，以及骨化的肌腱，使它们的尾巴僵硬。前关节突开始于第10节尾椎，往前突出，支撑后面4~10根其他的脊椎，数量依所在位置而定。这些结构使得整个尾巴在垂直方向几乎不能弯曲，但一个伶盗龙标本保存了完整的尾巴骨头，这些骨头以 S 状水平弯曲，显示尾巴在水平方向有良好的运动灵活性。这样的尾巴可以帮助伶盗龙在高速奔跑时保持平衡和灵活转向，也说明了伶盗龙是出色的奔跑者。

在 2007 年，古生物学家爱伦·特纳（Alan Turner）、彼得·马克维奇（Peter Makovicky）、马克·诺瑞尔（Mark Norell）以及他们的同僚宣称，在一个来自于蒙古的伶盗龙化石的前臂发现了羽茎瘤（Quill knobs），确定伶盗龙具有羽毛。

发现历史

美国自然历史博物馆的一支探险队于 1922 年在蒙古的戈壁沙漠中发现了第一个伶盗龙的化石标本；该标本（编号 AMNH 6515）包含一个遭到压碎，但是完整的头颅骨，以及第二趾爪。两年后，该馆的科学家亨利·费尔德·奥斯本（Henry Fairfield Osborn）在确定该标本属于一种肉食性恐龙后，将它们命名为蒙古伶盗龙（V. mongoliensis）；但奥斯本将该第二趾爪误认为来自于手部。伶盗龙的名称衍化自拉丁语，velox 意为"快捷的"，raptor 意为"强盗"或"盗贼"，意指它们善于奔跑的身体结构，以及肉食的食性；种名则是以发现地蒙古为名。同一年稍早，奥斯本则在大众媒体上发表了一篇相关文章，并将它们取名为 Ovoraptor djadochtari。但因为 Ovoraptor 并未在科学文献与相关的正式文件中被提到，因此该名称的状态为无资格名，而伶盗龙仍保有命名优先权。

冷战期间，北美洲的挖掘团队被共产蒙古驱离，而苏联和波兰的探险队与蒙古大学合作发现了许多伶盗龙化石标本，其中最著名的是在 1971 年由波兰与蒙古团队所发现的"搏斗中的恐龙"（编号 GIN 100/25），该化石保存了一只伶盗龙和一只原角龙搏斗的场景。这个标本被蒙古视为国家级的宝藏，但从 2000 年起，被外借给纽约市美国自然历史博物馆，以供一个暂时性的展览。

冷战后期以来，由中国、美国、加拿大、蒙古等数个国家的科学家所组成的科学考察队在中国和蒙古境内发现了多具伶盗龙化石。在 1988 到 1990 年间，一个由中国与加拿大所组成的挖掘团队在中国北部发现了伶盗龙的化石。在 1990

年，一个美国自然历史博物馆与蒙古国科学院所组成的挖掘团队抵达戈壁沙漠，发现了数个保存良好的骨骸。

发现地点

迄今为止，共有至少 12 具伶盗龙的骨骼化石被发现。目前伶盗龙的绝大多数标本发现于德加多克塔组（Djadochta Formation）地层中，该地层分布于蒙古的南戈壁省与中国的内蒙古；另外有一个来自于蒙古的标本，发现于稍年轻的巴鲁恩戈约特组（Barun Goyot Formation），可能属于蒙古伶盗龙。这两个地层的年代均为上白垩统坎潘阶，约 8000 万年前到 7300 万年前。

在德加多克塔组地层中，几乎每个著名且多产的挖掘地点都发现了蒙古伶盗龙的化石。蒙古伶盗龙的模式标本是在火焰崖（Flaming Cliffs）的挖掘地点发现的（该地也名为 Bayn Dzak 与 Shabarakh Usu），而"搏斗中的恐龙"化石则是在图格里克（Tugrig）挖掘地点出土（又名：Tugrugeen Shireh）。近年来，在中国内蒙古的 Bayan Mandahu 出土了许多蒙古伶盗龙化石，Bayan Mandahu 属于德加多克塔组，是一个产量丰富的挖掘地点之一。巴鲁恩戈约特组的 Khulsan 与 Khermeen Tsav 也是著名的挖掘地点，出土了大量的相关化石，可能属于伶盗龙。

这些挖掘地点都处于干旱的环境中，布满沙丘，偶有间歇性的溪流，而巴鲁恩戈约特组的环境比年代较古老的德加多克塔组较为湿润。除了伶盗龙所猎食的原角龙以外，伶盗龙还与以下恐龙共同生存：基础角龙下目的安德萨角龙、甲龙科的绘龙以及数种偷蛋龙科、伤齿龙科、与阿瓦拉慈龙科兽脚类恐龙。

分类争议

伶盗龙在 1924 年首次被命名时，是被归类于恐龙中的斑龙科；这是因为该时期的斑龙科与斑龙属，被当成"未分类物种集中地"，因此许多肉食性恐龙被归类于该科中，但彼此却无接近亲缘关系。随着更多恐龙化石的发现，伶盗龙后来被归类于驰龙科。

伶盗龙目前被归类于驰龙科中较为衍化的伶盗龙亚科。在种系发生学中，伶盗龙亚科通常被定义为：驰龙科中，较接近于伶盗龙而离驰龙较远的所有成员。

但驰龙科的分类是经常更改的。在最初建立的时候，伶盗龙亚科只包含伶盗龙一个成员。后来的研究则包含了其他属，通常为恐爪龙与蜥鸟盗龙。一个最近的亲缘分支分类法研究显示，伶盗龙亚科是个单系群，包含伶盗龙、恐爪龙、白魔龙以及蜥鸟盗龙（但分类位置未确定）。

在过去，某些驰龙科的物种有时被归类于伶盗龙属中，例如平衡恐爪龙（Deinonychus antirrhopus）、蓝斯顿氏蜥鸟盗龙（Saurornitholestes langstoni）。因为伶盗龙较早命名，这些种被归类于伶盗龙属时，常被重新命名为平衡伶盗龙与蓝斯顿氏伶盗龙。但到目前为止，伶盗龙中的已承认种仅有蒙古伶盗龙。

在2005年新发表的始祖鸟的标本（瑟马普利斯标本）中，发现了保存很好的第二脚趾，类似驰龙科，这可能说明始祖鸟类与伶盗龙有接近的亲缘关系。如果这样的亲缘关系被进一步证实，包括伶盗龙在内的驰龙科很有可能被改归类于始祖鸟科，属于鸟纲，因为始祖鸟较早被命名。目前至少有一位科学家，将驰龙科归类于始祖鸟科，如果属实，这将使得伶盗龙成为一种无法飞行的鸟类。

猎食行为

发现于1971年的化石标本"搏斗中的恐龙"，保存了伶盗龙和原角龙搏斗的情形，这提供了伶盗龙是活跃的捕食者以及其捕食方式的直接证据。当这个标本被发现时，过去一度有假设认为这2只恐龙是被淹死的。但因为这个标本是在古代沙丘沉积物中发现的，所以目前的看法是这2只动物是被掩埋在沙地中的，原因可能是沙丘倒塌，或者是沙尘暴。从2只动物的姿态显示，掩埋过程应该非常快速。原角龙的前肢与后肢都遗失了，可能是被其他食腐动物吞食了。

驰龙科的后肢第二趾上明显的镰刀状趾爪，传统上认为是用于切开猎物身体与挖去内脏的武器。在"搏斗中的恐龙"标本中，伶盗龙的镰刀状趾爪嵌入原角龙的喉咙中，而原角龙的喙嘴则夹住了伶盗龙的右前肢。这显示伶盗龙可能是用它们的镰刀状趾爪刺穿猎物喉咙的重要器官来杀死猎物，例如颈静脉、颈动脉，以及气管，而非割开猎物的腹部。伶盗龙爪的镰刀状趾爪内侧圆滑，并不锐利，并不适合用于切开、刺穿猎物腹部的坚固皮肤和肌肉。然而，目前只有发现镰刀状趾爪的骨质部分，这些趾爪在生前应该覆盖着角质鞘，所以还是有可能具有锐利的边缘，但无法长期保存锐利状态，原因是这些趾爪无法后缩以防止被磨损，也无法像猫一样磨利趾爪。在 2005 年，BBC 的电视节目《恐龙凶面目》（The Truth About Killer Dinosaurs）测试伶盗龙的趾爪是否适合切开。该电视节目制作了一个伶盗龙后肢模型，并将一块猪腹肉作为测试用的猎物。虽然镰刀状趾爪刺穿了测试用的猪腹肉，但无法划开它们，显示伶盗龙的趾爪无法用来割下猎物的内脏。但由于其他科学家没有参考或重复这个实验，所以实验的结果无法被确定。

　　另一种和伶盗龙关系密切的恐龙——恐爪龙，恐爪龙的化石通常是成群被发现的。此外，恐爪龙的化石偶尔与腱龙——一种大型草食恐龙，一起被发现，这样就说明恐爪龙很可能是团队合作狩猎的捕食者。目前唯一的驰龙科集体行动证据，是个发现于中国的足迹化石，共有 6 个大型动物留下，但仍没有证据显示它们有集体猎食行为。不过，虽然在蒙古发现了许多伶盗龙和其他驰龙科的化石，但是没有发现过成群的化石，所以目前还没有化石证据可以证明伶盗龙是群体狩猎的。如同电影《侏罗纪公园》（Jurassic Park）所显示的，但没有足够证据支持驰龙科与伶盗龙有集体猎食行为。

新陈代谢

　　伶盗龙可能在某种程度上是温血动物，因为它们猎食时必须消耗大量的能量。伶盗龙的身体覆盖着羽毛，而在现代的动物中，具有羽毛或毛皮的动物通常是温血动物，它们身上的羽毛或毛皮可以用来隔离热量。驰龙科与某些早期鸟类的骨头生长速率，与现代的哺乳类与鸟类相比，显示它们具有较为适中的新陈代谢率。新西兰的奇异鸟在生理、羽毛形态、骨头结构甚至于狭窄的鼻部结构，相当类似驰龙科；而鼻部结构经常是新陈代谢的关键指标。奇异鸟是种高度活跃、无法飞行的鸟类，并具有稳定的体温以及相当低的新陈代谢率，使奇异鸟成为原始鸟类与驰龙科的新陈代谢参考模型。

　　在驰龙科中，比伶盗龙原始的成员通常身体覆盖着羽毛，并具有完全发展的有羽毛前肢。而伶盗龙的祖先具有羽毛，可能拥有飞行能力，这使得古生物学家认为伶盗龙也具有羽毛，如同许多现代的无法飞行鸟类，仍保有身体上的羽毛。

羽　毛

过去长期以来，古生物学家认为伶盗龙具有羽毛，但没有证据可以证明。根据 2007 年 9 月份的《科学》杂志，古生物学家爱伦·特纳、彼得·马克维奇、马克·诺瑞尔，在一个发现自蒙古的伶盗龙化石（编号 IGM 100/981，身长 1.5 米，体重 15 千克）的前臂，发现了 6 个羽茎瘤。鸟类骨头上的羽茎瘤可用来固定羽毛，而伶盗龙骨头上的羽茎瘤则明确显示它们也具有羽毛。

根据特纳等人的说法，并非所有史前鸟类的化石都发现了羽茎瘤。但没有发现羽茎瘤，不代表这些史前鸟类缺乏羽毛。羽茎瘤的发现显示伶盗龙拥有羽毛，而且应该是类似现代鸟类翅膀上的羽毛，包含羽轴与羽支所形成的羽片。这些研究人员并提出，伶盗龙的前臂具有 14 个次要羽毛，而始祖鸟具有至少 12 个次要羽毛，小盗龙具有 18 个，胁空鸟龙则具有 10 个。他们认为这些羽毛数量的不同，代表着这些动物与现代鸟类的差异程度。

特纳等人将伶盗龙的羽毛，视为大型、无法飞行的手盗龙类由于体型的增大，而在演化过程中失去羽毛的证据。特纳等人并发现，目前，无法飞行的鸟类几乎没有羽茎瘤，而伶盗龙的羽茎瘤则证明驰龙科的祖先应该可以飞行，但伶盗龙与其他大型的驰龙科后来却丧失了飞行能力；然而，驰龙科祖先的羽毛也可能具有其他功能，而非用来飞行。对于无法飞行的伶盗龙，它们的羽毛可能作为展示物，或孵蛋时用来覆盖它们的蛋巢用，或在上坡奔跑时用来增加速度。

似 鸟 龙

在恐龙家族里，兽脚类可算是恐龙中的"大家族"，生活在晚三叠世至白垩世，著名的始盗龙、异特龙、暴龙、窃蛋龙都是这个大家族的成员。它们两足行走，趾端长有锐利的爪子，嘴里多长有利齿。目前，绝大多数古生物学家都相信，鸟类起源于兽脚类恐龙。

兽字当头，这类恐龙大多是食肉的凶残"杀手"，但兽脚类中也有一些种类的恐龙杂食，甚至吃浮游生物。似鸟龙类（Ornithomimosauria）是兽脚类恐龙中的一支，正如其名，似鸟龙类恐龙与大型鸟类，如鸵鸟、鹈鹕，在形态上相当接近，只是它还保留长长的尾巴。它们的头部较小，其中多数种类上下颌无齿，有一双大大的眼睛，所以视野开阔，有良好的视力。似鸟龙类的体型高大，轻巧苗条，强有力的三趾脚使它们能高速奔跑；而细长、顶端有爪的前肢可以捕抓食物。

现在问题就出在似鸟龙类的食物上，长期以来，古生物学家普遍认为似鸟龙类是以肉食为主的杂食性恐龙，捕食昆虫和其他一些小动物，偶尔吃吃果子。但是这些推测都缺乏化石证据，仅仅是推测而已。

2001 年，美国纽约自然历史博物馆的马克·诺雷尔博士（Mark A. Norell）对 2 具来自蒙古戈壁，保存状况相当完好的气腔似鸡龙（Gallimimus Bullatus）化石上面发现了其嘴喙的组织构造，嘴喙呈梳子状，说明该种恐龙可能是采用滤食的方式来进食，就像现生的鸭类一样。所以，诺雷尔认为没有牙齿的似鸟龙类可能和似鸡龙一样，也是从溪流或池塘的浅水处，以过滤细小的浮游生物为食。

最近，伦敦自然史博物馆古生物处的恐龙专家保罗·巴雷特博士（Paul M. Barrett）经过长期研究，综合解剖学、埋葬学与古生态学等资料，对似鸟龙类的食性提出了崭新的观点，其研究论文发表在最新一期的《古生物学》杂志上。论文从这类恐龙的每日最低热量收支分析，认为其浮游生物的食性，以及以肉食为主的杂食性等观点都站不住脚，而似鸟龙类的角质喙与胃石显示，似鸟龙类应该是以植物为主的杂食性恐龙。

他首先从似鸟龙类的体型推测，它们的每日最低热量收支不可能靠浮游生物来维持。

假设似鸟龙类为热血动物，按照奥斯特罗姆教授提出的恐龙的代谢作用与鸟类及哺乳类相似的观点，巴雷特博士先以雀形目动物的新陈代谢标准来衡量似鸟龙类，体重440千克的似鸡龙（Gallimimus）每日至少要43.57兆焦耳（MJ）（1兆焦耳＝239千卡）的热量，这意味着似鸡龙需要进食干重3.34千克的食物。而体重160千克的似鸟龙（Ornithomimus）每日至少要21.5兆焦耳的热量，需进食干重1.65千克的食物；若以冷血爬行动物的新陈代谢标准来衡量，似鸡龙每日至少要1.46兆焦耳的热量，需进食干重0.07千克的食物。而似鸟龙每日至少要0.67兆焦耳的热量，需进食干重0.03千克的食物。

参见现代的火烈鸟（Flamingo）：它两足行走，颈和腿细长，拥有滤食能力，其食性与诺雷尔博士推测的似鸡龙接近。体重只有2~4千克的火烈鸟要维持活动能力的话，每日至少要滤400升的水，放大到似鸡龙与似鸟龙，它们所需过滤的水便难以估量了。

就算似鸟龙是一台昼夜开机的过滤机，那么从古地理上看，在似鸟龙类较为密集的加拿大艾伯塔省南部的德兰赫勒地区，以及蒙古人民共和国、中国内蒙古等地，虽然当时环境相当湿润，却也难寻含有如此大量浮游生物的河川沼泽；即便有，也会因为季节变化而变化，浮游生物的数量基本上不可能全年都保持足够的数量来满足似鸟龙类的食量需求。

诺雷尔博士认为，从骨骼结构上看，似鸟龙类滤食营生的主要证据来自气腔，似鸡龙的梳状嘴喙构造与一些鸭类相似，如琵嘴鸭（Shoveller Duck）。琵嘴鸭是一种栖息于淡水水域的中型野鸭，它的嘴形奇特，吻端膨大呈琵琶状，觅食多在浅水中挖掘淤泥中的食物，也从水中滤食。它形状独特的嘴里长了一排像梳子一样的角质状组织。琵嘴鸭吸入河水，过滤掉泥沙，浮游生物细小的个体则通过角质状组织过滤器进入肠胃。但此种构造并不只是鸭类动物所独有，类似的构造在很多龟类、鸭嘴龙类动物上都有发现，如绿海龟（Green Turtle），埃德蒙顿龙（Edmontosaurus）等，而这些都是植食性动物，靠进食高纤维、低蛋白质的植物为生。

此外，似鸟龙类头骨并没有用来滤食的适应性构造，这样的脑袋插进水里找食，结果恐怕不太乐观。再退一步讲，假如似鸟龙类真的以滤食为主要进食方式，那么其发达的前肢所用何处？而似鸟龙如果是植食性的话，它的前肢就可以用来辅助进食，抓取食物。

除了角质喙，巴雷特博士还找了一个这类恐龙植食的有力证据。2003 年，在中国内蒙古自治区晚白垩世地层中，中国和日本的古生物学家发现至少 14 具中国似鸟龙（Sinornithomimus）化石中都有胃石，这是似鸟龙类食性的直接证据，说明似鸟龙类与许多现生的鸟类一样，也靠胃石来消化食物。它们吞下石块存放在胃内，用来磨碎和碾压较硬的食物。现生鸟类的胃有强壮有力的肌肉囊袋，吃下去的食物经过胃部肌肉的运动，使存在胃里的石块互相摩擦，把食物碾碎成黏稠的糨糊状。胃石成了对付粗糙食物最有效的工具。像很多鸟脚龙类恐龙，如鸭嘴龙（Hadrosaurus）、禽龙（Iguanodon）等吞噬大量植物的恐龙，也是靠此来消化大量食物的。

可见，角质喙与胃石的发现就是似鸟龙类以植食为主食性之最有力的证明。这种颇为奇特的食性特征虽然在非鸟的兽脚类中很少见，但是最近发现具有植食性特征的还有在我国辽西热河生物群发掘出的窃蛋龙类的尾羽龙和切齿龙化石。这些发现，丰富了人们对恐龙动物群的生态习性的认识，拓宽了人们的视野。至少，我们现在已经知道，在 7000 万年前的亚洲与美洲大陆上，一群群如飞毛腿的似鸟龙类无需整天窝在水边，而是捧着树枝或果子大快朵颐呢！

暴　龙

　　暴龙，学名 Tyrannosaurs 的意思是"暴君蜥蜴"，肉食性恐龙中出现最晚，也是最大型、最孔武有力的品种。暴龙可能是地球上有史以来最大的陆生肉食动物，6500 万年前灭绝，结束在白垩纪。暴龙的头部非常的巨大（长约 1.2 米）。强而有力的颚部上长有锯齿边缘的牙齿，庞大粗壮却像鸟类的两脚上，指头长有强力爪子。和粗壮的脚比较起来，暴龙的手臂小得与头骨的反比，比人类的手要短。古生物学家认为，这可能由于暴龙只用口捕猎，前肢绝少使用，因而渐渐变短变小。也因此演变成由后肢站立，前肢退化及后肢成为武器，因而演化成这种奇异的身体结构。暴龙虽然身躯庞大，骨骼却是空心的，而且头颅中有一些大而中空的洞，因而使得体重减轻，便于行走和捕腊。暴龙的体长 14 米，体高约 5.5 米，体重达 7 吨，尾巴长又粗，看来是一个强而有力的攻防武器。大概常以后肢及尾巴为重心，因此推测后肢和尾部肌肉相当结实，破坏力比龙卷风还强大！

暴龙的生活环境

　　在白垩纪初期出现的开花植物，在暴龙生活的时期主宰着世界的生态系统，90% 的叶片化石都是在北达科他州发现的，在收集的 3 万多个叶片化石中，有 90% 的化石是属于宽叶植物。

　　现在，在暴龙发现地的附近，仍然有暴龙时代的针叶植物，如落叶松和它的亲缘植物。当时的景物和佛罗里达州或佐治亚州南部相类似，这个区域有些小树，高 15 ~ 30 米，树干直径不到 0.3 米。暴龙生活的时代，现代的各科植物都已经出现了。所以，暴龙生活的环境并没有想象的奇特。

暴龙如何进化

暴龙的最早的祖先来自三叠纪晚期的始盗龙（Eoraptor），它身长还不到1米，体重只有5～7千克。始盗龙的下颌中部没有一些素食恐龙那种额外的连接装置，而是在下颚的中间，有一个能够让下颚弯曲的活动关节，当双颚咬住东西的时候便会紧紧钳住猎物，而暴龙就有这种下颚！

它还有一些有趣的地方，比如始盗龙具有5个"手指"，而后来出现的食肉恐龙的"手指"数则趋于减少，到了最后出现的暴龙等大型食肉恐龙只剩下2个"手指"了。再如，始盗龙的腰部只有3块脊椎骨支持着它那小巧的腰带，而后来的恐龙越变越大时，支持腰带的腰部脊椎骨的数目就增加了。

那么暴龙是如何从狗一般大小演化为长13米的巨兽？数十年来，古生物学家一直认为暴龙是其他巨型捕食者的后裔，例如跃龙/异特龙（Allosaurus），它是最大、更多牙齿的恐龙的最后一代，这就是超级肉食恐龙的假设，似乎是理所当然的，但这并不正确。

跃龙（Allosaurus fragilis）为侏罗纪最大型的肉食性恐龙。体长约11米，估计体重1.5～2吨。为行动矫捷的凶猛捕猎者，狩猎时可能会跃进扑击猎物，故名跃龙。推测它会潜伏在植物丛中发动突击，强壮的前肢上长有3个指爪，为重要的武器，一般以中型至大型草食性恐龙为食物，无疑是侏罗纪恐龙最强的天敌。但到了白垩纪中期，跃龙突然消失在地球上，取而代之的是自然历史上最强的陆上捕猎动物——暴龙（Tyrannosaurus）。

最近几年发现的暴龙和肉食恐龙有很多相同之处。就拿它的脚为例子，它那突出的第三趾是很多白垩纪末期恐龙的特征，但它们都是小恐龙，它们并不是我们熟知的大型肉食恐龙，如似鸵龙。暴龙其实是小型肉食动物，但后来演化成极为巨大的体型，它们和其他大型肉食恐龙并没有任何关联，从解剖学分析可以轻易地辨认出那些恐龙与暴龙没有关系。

但是要追踪出暴龙的进化历程就甚为困难——化石纪录中有一大段空白，接着暴龙的第一位巨型祖先就突然出现了。直到最近，在加拿大艾伯塔省海拔1300米的山区发现了新的线索，这里有一段保存完好的史前海滨，线索烙印在此地已经有好几百万年了。加拿大恐龙足迹最多的地方是阿伯塔省一处叫'大仓'的煤矿，那里发现了甲龙等恐龙的足迹，它们通过巨大的崖面，这里一度是滨海的泥地。这个地点之所以重要是在于它的年代有一亿年之久，但附近却没有发现同时期的骨骸化石。所以专家们猜测，这是恐龙迁徙的时候留下的，在这些足迹里面并没有暴龙的，但是根据这些细长的足迹来判断，他们一定是某种巨型恐龙留下的，这也许是暴龙的祖先。

这种龙是暴龙演化过程中一个转折点，与当时其他小型捕食恐龙不同，它是利用双颚来杀死猎物，而不是使用前肢。这种适应性变化造成暴龙的兴起和它独特的外形，暴龙最早来源于独身龙（Alectrosaurus），独身龙体型细长，前肢也很长。演化至阿尔贝塔龙（Albertosaurus）时，它的头变得更大，前肢变得更短，阿尔贝塔龙和暴龙类似，但细看各个特征的时候会发现它比暴龙更为原始。

暴龙最近的亲戚是谁

古生物学家认为有两种可能：

北美洲的恶暴龙（Daspletosaurus）。暴龙在眼睛上方有一块大骨突，而在蒙大拿发现的恶暴龙化石，这个骨突就比较不突出，在早期的恶暴龙身上甚至更小。

亚洲的特暴龙（Tarbosaurus）。特暴龙原本称为暴龙，但事实上它们有很多现异处，例如连接头部的后脑干部分。

暴龙：掠食抑或腐食

在古生物学界之中有一个争论是暴龙是否真的是一种积极的掠食者。

积极的掠食者的论据：暴龙的听觉很特殊，应该说在头颅上的位置很特殊，以至能收集到特定方向的声音，它耳朵的外观与其他恐龙相差不大，但其内部结构却有很大的改变。如此一来，暴龙能听到的音域就更广，也许能听到其他恐龙难以听到的低频率音波。推测暴龙可能以发出低音的恐龙（大部分的鸭嘴龙类）为猎物。

还有，暴龙的双颚是足以胜任狩猎工作的，像其他捕食动物一样，它的牙齿也是向后弯曲，牙尖朝着口部中央，这意味着，猎物在口中挣扎的时候，也只能向喉咙的方向逃跑。而且，它的牙齿有很深的牙根，这使牙齿结实而不易于折断，更可以咬穿骨头，这也是暴龙下颚这么深的原因——牙齿的 2/3 以上其实是埋在牙龈里。而且，细腻的锯齿围绕着牙齿的前后两面，他们的作用像小钩，锯齿刺穿肌肉时，钩子能钩住肉的纤维，将其置于锯齿间，锯齿间有利刃的齿缘足以撕裂纤维。

吃食腐肉的论据：积极的掠食者的视觉系统应该是最发达的，可是暴龙不是如此，相反，它的嗅觉最发达，而嗅觉发达，毫无疑问的是食腐的必备条件。还有，暴龙的体积巨大，这有利于赶走那些蜂拥而来的狩猎动物。

暴龙如何行动

暴龙是最大的肉食恐龙之一。以前，人们认为暴龙能够奔跑如飞，就像它们在电影里追上疾驶的汽车那样，时速可能高达 72 千米，很少有猎物能够逃脱其利爪。但在 2002 年 2 月 28 日出版的英国《自然》杂志上，一个美国研究小组公布了他们关于暴龙运动的研究成果，认为暴龙的生理结构决定了它们不能奔跑，只能以每小时 18 到 40 千米左右的速度行走。

研究人员使用计算机模拟不同动物的运动，通过腿的长度、运动姿态等参数估算动物奔跑所需腿部肌肉的最小重量。计算表明，动物的体重越大，它依靠两足奔跑所需的腿部肌肉占体重的比例也越大。一只普通的鸡，腿部肌肉只需要达到体重的 17% 左右。但一头体重 6 吨的暴龙，如果它能够奔跑，那么它腿部肌肉的重量将超过身体总重量的 80%。而现存的陆地脊椎动物的腿部肌肉一般不会达到身体重量的 50%。

为了对比，研究者还计算出，一只暴龙大小的鸡如果要奔跑，其腿部肌肉将占全身重量的 99%——这几乎是不可能的。研究者的结论是，暴龙运动的速度很可能不超过每小时 40 千米。如果你被一头暴龙盯上，跑得足够快的话，还是有可能逃脱的。

长期以来，科学家就暴龙是捕食者还是腐食者这一问题存在着争议。有专家提出，这一最新的研究成果有可能说明暴龙依靠腐食为生，因为暴龙奔跑的速度较慢，它的前臂力量较弱，不足以进行狩猎活动。但也有人认为，暴龙应该仍然能够捕获到行动较为迟缓的草食动物。

中国暴龙发掘情况

在吐鲁番盆地里，由中国科学院古脊椎动物所在 1964—1966 年，发掘到许多的恐龙化石。其中就有一种大型的肉食类恐龙——特暴龙。

吐鲁番盆地是一个小型的山间盆地，位居天山山脉的东南面，吸取天山之水。正北方，博格达山崛起海平面 5446 米。在盆地中央是艾丁湖，低于海平面 156 米，聚集众水流。在吐鲁番盆地的北翼，出露极好的中生代晚期与古新世的地层，构成了东西走向的山脉——火焰山，名字源起于在日落照射紫红色岩层，形成像火焰一般的壮观景色。火焰山东西 100 千米，南北 10 千米宽，是由中生代晚期与新生代最早期的"鄯善群"岩层构成。这个地层包含了红、灰、绿、黄，色彩缤纷的泥质砂岩、页岩、砂岩。最底层砾岩原来以为是第三纪沉积的，在 1964 年，于这岩层中发掘到恐龙与恐龙蛋化石后，这部分被归于白垩纪，而重新命名为苏巴什组。这套岩层厚达 163～215 米，是由红棕色砂岩、泥岩和底层砾岩构成。

特暴龙是一种大型的肉食类恐龙，挖掘到的标本总计有 5 颗牙齿与 1 件不完整的髋骨。它是属于暴龙科。在白垩纪晚期的亚洲地区，特暴龙是一种普遍存在的种属。

1972 年，人们在河南省峦川县嵩坪村的秋扒组地层中，发掘到 5 颗大型牙齿，恐龙权威人员董枝明在 1979 年将其命名为峦川暴龙（霸王龙）。暴龙类是在地史所有动物中，最庞大凶猛的食肉类动物，秋扒组岩石是分布在潭头盆地峦川县一带的白垩纪晚期地层，是由紫红色的砂泥岩构成，最底部含有砖红色的砾石。

如同其他暴龙科恐龙，暴龙的牙齿前后缘呈锯齿状。此外，暴龙的牙齿为异齿型：前上颚骨的牙齿属于凿状牙，牙齿间紧密排列，横剖面为 D 形，后侧有明显的棱脊，并向后弯曲。D 形横剖面、后侧棱脊与往后弯曲的特点，减低了暴龙咬合时，牙齿陷入猎物身体内的可能性。后段的牙齿较为粗壮，外形类似香蕉，牙齿间空间较宽，也有明显的棱脊。上颚后段牙齿较下颚后段牙齿更大。目前，发现最大的暴龙牙齿，包括齿根在内有 30 厘米长。在其他恐龙身上发现的大型齿痕，显示暴龙的牙齿可刺穿坚硬的骨头。暴龙拥有恐龙之中最强大的咬合力，也是咬合力最大的动物之一。经常发现暴龙受伤或断裂的牙齿，但与哺乳类不同的是，暴龙科的牙齿是不停成长、替换的。

如同其他兽脚类恐龙，暴龙的颈部形成自然的 S 形弯曲，但较短、较健壮。暴龙的头颅骨长度是脊柱（髋骨到头部）的一半，显示它们的粗短颈部必须充满强壮的肌肉，才能支撑巨大的头部。与身体相比，暴龙的前肢非常小。长久以来，暴龙的前肢被认为只有 2 指，但一个近年的未公开研究，发现暴龙有已退化的第三指。

就身体与后肢比例而言，暴龙的后肢却是兽脚类恐龙之中最长的之一。暴龙的后肢强壮，每只脚各承受约半只大象的重量。脚掌只有 3 个脚趾接触地面，跖骨离地。脚后另有一上爪。暴龙的中跖骨狭长，与两侧跖骨形成夹跖型。踝部关节呈简单的铰链型；而稳固的踝部，显示它们可以在崎岖的地面行走。

暴龙的尾巴大且重，长度约与身体相当，有时包含超过 40 个脊椎骨，可与头部与身体保持平衡。为了平衡暴龙的重、大体积，它们身体的许多骨头是中空的。这可以减轻身体的重量，同时维持了骨头的强度。

在过去，暴龙科被推测可能与侏罗纪的大型肉食性恐龙有亲缘关系，例如斑龙超科与肉食龙下目。但化石证据显示这群恐龙在很早期已经分开进化，暴龙应属于较衍化的虚骨龙类演化支。

外国暴龙发掘情况

暴龙是暴龙超科、暴龙科以及暴龙亚科的模式属。暴龙亚科的其他成员包含北美洲的惧龙与亚洲的特暴龙，两者有时会被认为是暴龙属的异名。

1955 年，前苏联古生物学家叶甫根尼·马列夫将在蒙古发现的化石，建立为一个新种，命名为勇士暴龙（Tyrannosaurus bataar）。到了 1965 年，勇士暴龙被重新命名为勇士特暴龙（Tarbosaurus bataar）。尽管被重新命名，许多种系发生学研究，认为勇士特暴龙是雷克斯暴龙的姐妹分类，因此勇士特暴龙常被认为是暴龙的亚洲品种。一个最近对于勇士特暴龙的重新叙述，显示勇士特暴龙的头颅骨比雷克斯暴龙的还要狭窄，而两者的头颅骨在咬合时所承受压强的方式非常不一样，所得到的数据结果是勇士特暴龙较接近于分支龙，另一种亚洲暴龙类。另一相关的亲缘分支分类法研究发现分支龙是特暴龙的姐妹分类，而非暴龙；如果这个研究属实，将显示特暴龙与暴龙是独立的属。

在发现暴龙的相同地层中发现的其他暴龙科化石，起初被类于个别的分类项目，包含后弯齿龙与大纤细艾伯塔龙（Albertosaurus megagracilis），后者在 1995 年被建立为恐暴龙（Dinotyrannus megagracilis）然而，这些化石目前通常被认为是暴龙的幼年个体。

在蒙大拿州发现的一个小型（60 厘米长）、但接近完整的头颅骨，可能是个例外。这个头颅骨起初被查尔斯·怀特尼·吉尔摩尔在 1946 年归类于兰斯蛇发女怪龙（Gorgosaurus lancensis），但后来被建立为新属，矮暴龙。对于矮暴龙的有效性分为两派意见。许多科学家认为该头颅骨来自于一个幼年暴龙。矮暴龙与暴龙之间有少数差异，例如矮暴龙的牙齿数量较多，这导致有些科学家认为它们是独立的两个属；必须等到更进一步的研究或发现才能确定两者之间的关系。

争　议

暴龙模式标本的头颅骨，位于卡内基自然历史博物馆。这个参考异特龙，并以石膏完成的模型，有很大的错误，目前已被拆除。

第一个被归类于暴龙的标本由 2 个部分脊椎骨构成（其中一个已遗失），是由爱德华·德林克·科普在 1892 年所发现，并命名为 Manospondylus gigas（意为"巨大的"＋"多孔的脊椎"）。奥斯本在 1917 年发现 M. gigas 与暴龙有相似处，但因为 M. gigas 的脊椎骨破碎，所以奥斯本无法确定它们是同一种动物。

2000 年 6 月，黑山地质研究机构找出 M. gigas 在南达科他州的发现地点，并在当地发现了更多的暴龙类化石。这些化石被判断跟 M. gigas 都来自于同一个体，而且被归类于暴龙属。根据《国际动物命名法规》，M. gigas 比暴龙还早被命名，因此应拥有优先权。然而，根据从 2000 年 1 月 1 日起生效的《国际动物命名法规》第四版，首同物异名或首异物同名自从 1899 年起就不被当成有效名称使用，而次同物异名或次异物同名在过去 50 年来，已被至少 10 位研究人员当做有效名称，并使用在特定分类，在这个状况下，目前占优势的使用名称必须继续使用。暴龙符合这个规定，因此继续成为有效名称，并被认为是一个保留名称。而 Manospondylus gigas 则被认为是个遗失名。

如同所有的恐龙资讯都来自于化石纪录一样，关于暴龙的生理，例如行为、肤色、生态以及生理，仍然未知。然而，过去 20 年来已发现许多新标本，产生许多关于暴龙生长模式、性状、生物力学以及代谢方面的假设。

数个暴龙幼年体标本的鉴定，使得科学家们得以记录它们的个体发生学变化，进而估计它们的寿命与成长速率。目前已知最小的暴龙标本为"乔丹"（编号 LACM 28471），体重估计只有 29.9 千克；而最大的标本"苏"（编号 FMNH PR2081），体重极可能超过 5400 千克。对于暴龙骨头的组织学研究，显示"乔丹"死亡时只有 2 岁，而"苏"死亡时有 28 岁，这个数据可能接近暴龙的年龄极大值。

组织学可以检验出标本的年龄，借由不同标本的体重与年龄，可以绘制出动物的成长曲线。暴龙的成长曲线呈 S 形，未成年个体在接近 14 岁以前，体重少于 1800 千克，之后便大幅的成长。在这段快速成长期间，年轻的暴龙平均每一年增加 600 千克，并持续 4 年。在 18 岁之后，成长曲线再次稳定下来。举例而言，28 岁的"苏"与一个 22 岁的加拿大标本（编号 RTMP 81.12.1）相差只有 600 千克。最近，另一个由不同研究人员完成的组织学研究，发现暴龙的成长曲线是在约 16 岁时缓慢下来的，证实了以上结果。这个忽然改变的成长速率可能显示着生理成熟，一个 16 ~ 20 岁的蒙大拿州暴龙标本（编号 MOR 1125，也名为"B-雷克斯"）的股骨髓质组织，证实了这个假设。髓质组织只发现于产卵期的雌性鸟类身上，显示"B-雷克斯"正处于繁殖期。其他暴龙科恐龙拥有类似的成长曲线，但成长速率较慢。

超过一半的暴龙标本，在达到性成熟的 6 年内死亡，这个生长模式也存在于其他暴龙类，以及某些现代鸟类与哺乳类。这些动物的特征是婴儿死亡率高，而未成年体的死亡率低。达到性成熟后死亡率增加，部分原因是繁殖压力。一个研究显示暴龙的未成年个体少见的部分原因，是它们未成年个体的死亡率低；在该年龄层时，这些动物并不会大量死亡，所以不常化石化。然而，未成年个体少见的原因也可能是化石记录的不完整，或者是寻找化石的人偏好较大、较引人注目的化石。

随着标本的增加，科学家们开始发现暴龙的个体间变化，并发现它们可分为两种模式或形态，类似于某些其他兽脚亚目物种。其中一个形态较为粗壮，而另外一个较为纤细。数个形态学研究认为这两种形态代表暴龙拥有两性异形，而较粗壮的形态通常被认为是雌性。例如，数个粗壮标本的骨盆似乎较宽，可能用来容纳产卵的通道。粗壮形态的第一节尾椎上的人字形骨缩小，很明显的是用来容纳生殖系统的产道，这特征也在鳄鱼身上出现。

最近几年，两性异形的证据被削弱。2005年的一个研究，发现原先宣称鳄鱼的人字形骨特征是两性异形特征说法是错误的，使得拥有类似特征的暴龙的性别分类产生争议。"苏"的第一节尾椎上有完全大小的人字形骨，而"苏"是个非常粗壮的个体，显示这特征并不能用来辨认这两种形态。因为暴龙的标本被发现于萨克其万省到新墨西哥的地带，个体间的差异可能较适合显示地理差异，而非两性异形。这些差异也可能与年龄有关，较粗壮的个体可能是较年老的个体。

目前只有一个暴龙标本被认为确实属于某个性别。"B-雷克斯"标本的数个骨头内保存了软组织。某些组织被鉴定为髓质组织，髓质组织是种只存在于鸟类身上的组织，是钙质的来源，可在产卵期制造蛋壳。因为只有雌性个体产卵，因此髓质组织只存在于雌性鸟类体内，但在雌性个体制造荷尔蒙如雌激素的期间，雄性个体也有能力制造髓质组织。这个证据显示"B-雷克斯"是个雌性个体，并在产卵期间死亡。最近的研究显示鳄鱼并未拥有髓质组织，而鳄鱼是除了鸟类以外，恐龙的现存最近亲。鸟类与兽脚类恐龙共同拥有髓质组织，近一步证明了两者之间的演化关系。

如同许多二足恐龙，暴龙在过去也被塑造成三脚架步态，身体与地面之间呈至少45°夹角，尾巴拖曳在地面上，类似袋鼠。这种三脚架步态起源于约瑟夫·莱迪在1865年所提出的鸭嘴龙重建，这是首次将恐龙描述成二足动物。纽约市美国自然历史博物馆的前馆长，亨利·费尔费尔德·奥斯本（Henry Fairfield Osborn），

认为这些恐龙是以笔直的步态站立，于是在 1915 年首次发现暴龙完整化石后，提出笔直步态的概念。于是在接下来近一个世纪，该暴龙化石被塑造成笔直的步态，直到 1992 年才被重造。到了 1970 年，科学家们认为直立的步态并不正确，因为没有任何现存动物能够维持这种姿态，这种姿态将导致脱臼或数个关节的松脱，例如，臀部、头部与脊柱间的关节。尽管直立的步态并不正确，美国自然历史博物馆的标本仍然影响了许多电影与绘画，例如耶鲁大学的皮博迪自然历史博物馆的著名壁画 "The Age Of Reptiles"，由鲁道夫·札林格所绘制。直到 20 世纪 90 年代，电影《侏罗纪公园》将更正确的暴龙步态传达给一般大众。目前的电影、绘画、以及博物馆模型，都将暴龙塑造成身体与地面接近平行的姿势，而尾巴高高举起，可以平衡头部的重量。

在 2006 年，亚伯达大学的研究人员艾力克·斯内夫立（Eric Snively）、皇家蒂勒尔博物馆的唐纳德·亨德森（Donald Henderson）以及卡尔加里大学的古生物学家道戈·菲利普斯（Doug Phillips）将暴龙科的头骨和牙齿数目与其他的物种做了比较。在其中一项针对恐龙头骨的结构力学研究中，科学家们使用电脑断层扫描对它们的牙齿弯曲强度、鼻部和头盖骨弯曲强度等项目进行了检查。研究的结果发表在期刊《波兰古生物学报》（Acta Palaeontologica Polonica）上。斯内夫立的研究团队发现，暴龙科特有的固定、拱形鼻部骨头，比其他肉食性恐龙的未固定鼻部骨头更为坚固。当其他的肉食性恐龙撕咬猎物时，它们的头部骨头可能会轻微地分开；而暴龙的固定鼻部骨头，则将所有的咬合力都传递到了猎物身上。除了斯内夫立的团队以外，剑桥大学的古生物学家埃米莉·雷菲尔德（Emily Rayfield）博士也提出了固定鼻部骨头增强了暴龙咬合力的假设。

一只中等大小暴龙的头颅骨，甚至比更大型的肉食性恐龙的更为强壮；例如撒哈拉鲨齿龙的头部长度是暴龙的 1.5 倍，头颅骨的力量却比暴龙的还小。当暴龙的颚部咬合时，将产生 20 牛顿的咬合力。暴龙的颈部肌肉可以在 1 秒内，扭动头部 45°，可将一个 50 千克的人甩到 5 米高。但这个数据是斯内夫立研究团队对暴龙肌肉力量的保守估计。

当 1905 年首次发现暴龙的化石时，肱骨是前肢唯一被发现的部分。在 1915

年所架设的第一个暴龙骨骸中，奥斯本将一个较长的三指前肢作为替代，类似异特龙。然而在一年前，劳伦斯·赖博建立并命名了暴龙的近亲蛇发女怪龙，蛇发女怪龙具有短前肢，手部有2根指头。蛇发女怪龙的发现，显示暴龙应该也有类似的前肢，但这个假设长期以来没有得到证实，直到1989年发现了第一个完整的暴龙前肢化石（编号 MOR 555，又名"Wankel rex"）。"苏"的化石也包含了完整的前肢。

与身体相比，暴龙的前肢非常小，长度仅有1米。然而它们并非痕迹器官，并具有肌肉附着的痕迹，显示暴龙的前肢具有相当的力量。早在1906年，奥斯本便已发现这个特征，他推测这些前肢是在交配时抓住配偶的。也有论点认为暴龙的前肢是用来协助它们俯伏在地面时站起的。另一个可能假设则是，当暴龙使用颚部咬死挣扎的猎物时，前肢可以固定住猎物。最后一个假设已得到生物力学研究的支持。暴龙的前肢是非常粗厚的硬质骨（Cortical bone），可以承受更大的承载力。完全成长暴龙的肱二头肌（Biceps brachii）能够举起199千克的重量；二头肌也可以增加这个数值。暴龙前臂的移动范围有限，肩膀与手肘关节只能做出40°~45°的旋转。而恐爪龙的肩膀与手肘关节可以做出88°~100°的旋转幅度，人类的肩膀关节可以做出360°的旋转，手肘关节可以做出165°的旋转范围。暴龙的重型手臂骨头、强壮的肌肉以及有限的旋转范围，显示它们的前肢可能用来快速抓牢挣扎的猎物。

在2005年3月份的《科学》杂志中，北卡罗来纳州立大学的玛莉·史威兹（Mary Higby Schweitzer）与其同事，宣布在一个暴龙腿部骨头的骨髓中发现了软组织。这个化石（编号 MOR 1125，也名为"B-雷克斯"）是在海尔河组发现，化石年代为6800万年前。这个化石在装运过程中断裂，因此并没有以正常方式来保存。目前已经鉴定出分叉的血管，以及纤维状的骨头组织。此外，骨头组织中具有类似血球细胞的微小组织。这个骨头的结构类似鸵鸟的血球细胞与血管。关于这些组织的真实身份，研究人员目前还没有确定地做出定论。如果这些软组织是未被化石化取代的生前组织，其中的蛋白质可用来间接获取恐龙的 DNA 信息，因为每一种蛋白都由特定的基因所编码。传统的看法认为软组织不可能被保存下来，因此过去未曾进行过相关的检验，所以也没有发现过骨头内的软组织。自从这个发现以来，目前有另两个暴龙类与一个鸭嘴龙类化石被发现具有类似的软组织。相关的软组织研究，认为这个发现证明鸟类是暴龙科的近亲，而离其他现代

动物较远。

在 2007 年 4 月份的《科学》杂志中，约翰·阿萨拉（John Asara）与其同事指出，该暴龙骨头具有 7 种胶原蛋白质的痕迹，极为类似鸡，再来是青蛙与蝾螈。另外，这个团队曾在一个至少 16 万年前的乳齿象化石中发现了蛋白质痕迹，推翻了传统的看法，并使得许多科学家开始关注化石的生物化学。在发现这些化石软组织以前，传统的看法认为在化石化过程中，所有的内部软组织都被取代。蒙特娄麦吉尔大学的古生物学家汉斯·拉森（Hans Larsson），宣称这个发现是个里程碑，认为它将恐龙进入至分子生物学的研究领域中。

在 2004 年，科学期刊《自然》公布一份研究，叙述了一种早期暴龙超科物种——奇异帝龙，化石发现于中国的义县组。如同许多在义县组发现的恐龙，帝龙的身体覆盖着一层覆盖物，被认为是羽毛的原型。暴龙与其他暴龙科近亲，也被推测具有类似的原始羽毛。但在加拿大与蒙古所发现的成年暴龙科化石，具有罕见的皮肤痕迹，由典型的卵石状鳞片所组成。也有可能是幼年个体的身体某些部分覆盖着原始羽毛，但成长后没有被保存下来，最后身体缺乏隔离物，如同许多现代大型哺乳类，例如大象、河马、大部分的犀牛。根据霍尔丹法则（Haldane's principle），与身体体积相比，大型动物反而拥有较小比例的表面积，它们释放的热量温度较高，而吸收的热量温度较低；因此成长后的暴龙较易保持体内的热量。因此，大型的动物演化自温暖的环境，而用来隔离热量的羽毛反而将过度的热量留在体内，造成体温过热。大型暴龙科恐龙，例如暴龙，可能在演化过程中失去原始羽毛，以适应温暖的白垩纪气候。

关于暴龙的争论多在于它们的进食方式以及移动方式。关于暴龙的进食方式则分为掠食者与食腐动物两种看法。科学家目前只能通过其粪便化石、生痕化石（暴龙的脚印）以及相关动物的齿痕，去推断暴龙的进食方式。

早在 1917 年，劳伦斯·赖博叙述蛇发女怪龙的一个状态良好骨骸时，便根据蛇发女怪龙的牙齿很少磨损，提出蛇发女怪龙是种食腐动物，而其近亲暴龙也是。这个观点很快就遭到推翻，因为兽脚类恐龙的牙齿替换速度很快。自从暴龙被发现以来，大部分科学家都认为它们是种掠食者；但是许多现代大型掠食动物在没有竞争对手的时候，会采取食腐方式或盗取其他已死猎物的方式进食。

著名的鸭嘴龙类专家杰克·霍纳（Jack Horner）提出暴龙是种食腐动物，不会主动猎食动物，是食腐派的主要倡导者。霍纳主要在他的书籍中谈论这个看法，但他只有在一次官方的科学会议中提及这个假设。霍纳根据以下特征提出这个假设：相对于它们的脑部，暴龙类具有比例大的嗅球（Olfactory bulbs）与嗅觉神经，这显示暴龙类具有高度发展的嗅觉器官，可能用来闻出远距离的尸体气味，类似现代的秃鹰。掠食派的主张者认为，现代的食腐动物（例如秃鹰）都是大型飞行鸟类，它们使用敏感的器官搜寻尸体，并以节省力气的方式滑翔，搜索大面积的土地。但格拉斯哥的研究人员提出一个生物繁盛的生态系统，例如塞伦盖提国家公园，可提供大型兽脚类食腐动物足够的尸体来源；但依这种方式，这些兽脚类食腐动物必须是冷血动物，这样从尸体取得的卡路里才能多于日常消耗的用量。另一个问题则是，类似塞伦盖提国家公园的现代生态系统并没有大型陆栖食腐动物，因为食腐的飞行鸟类能以更有效率的方式搜索食物；而兽脚类食腐动物并不会遇到飞行食腐鸟类的竞争。

暴龙类的牙齿可用来压碎骨头，使它们可以从尸体上咬下包含骨髓在内的大量食物，骨髓通常是动物身上最不营养的部分。短小的前肢难以在捕获猎物中形成作用。凯伦·钦（Karen Chin）与其同事在一些粪化石中发现了骨头的碎片，而这些粪化石可能是由暴龙类动物留下，但她们也指出，暴龙类的牙齿无法像土狼一样啃咬、咬碎骨头。

加上某些暴龙的猎物能够快速移动，而暴龙只能行走而非奔跑，更显示暴龙是食腐动物。另一方面，近年的研究认为暴龙的速度虽然比现代大型陆栖掠食者慢，但足以追上大型鸭嘴龙类与角龙下目。暴龙也可能采用伏击方式来猎食速度较快的猎物。

有些其他的证据则显示暴龙具有猎食的行为。在 2006 年，肯特·史蒂文斯（KA Stevens）指出暴龙的眼睛朝向前方，使它们具有双眼视觉，略优于现代的鹰。他也指出随着暴龙类的演化，它们的双眼视觉能力更好。若暴龙类是食腐动物，很难解释双眼视觉如何经过自然选择而保存下来；因为食腐动物并不需要立体视觉与深度知觉。在现代动物中，立体视觉主要出现在掠食动物身上；灵长类则是个例外，因为它们需要良好的视力才能在树枝间行动、攀爬。

在发现"苏"的挖掘地点中，一个埃德蒙顿龙（Edmontosaurus annectens）化

石的尾部发现了一个愈合的伤痕，是由暴龙类恐龙造成的。这个愈合的伤痕显示暴龙是种主动的掠食者，而非食腐动物。而另一个三角龙的肠骨也发现了愈合过的咬痕，这个愈合过的咬痕也是由暴龙类恐龙所造成的。

古生物学家彼得·赖森（Peter Larson）在检验"苏"的时候，发现"苏"的腓骨、尾椎、脸部骨头上具有断裂与愈合的痕迹，而且颈椎上嵌有1颗其他暴龙的牙齿。如果赖森的发现属实，这将显示暴龙类之间具有打斗行为，可能是为了食物、求偶、甚至是同类相食，但真正理由仍不确定。然而，一个近期的检验显示这些推论的伤口，大部分其实是感染，或是动物死亡后的损伤，只有少部分伤口被推论为物种内打斗行为而造成的。

大部分的科学家认为暴龙既是掠食者也是食腐动物，根据它们当前所能获得的食物来源而定。现代的肉食性动物，例如狮子与土狼，也常以其他掠食者所杀死的动物尸体为食，显示暴龙类可能也有类似的习性。

有些科学家提出如果暴龙是食腐动物，应该有其他恐龙是上白垩纪时期北美洲的顶级掠食者。该地区的大型猎物则是大型的头饰龙类与鸟脚下目。由于其他的暴龙科动物具有与暴龙相同的特征，只有小型的驰龙科恐龙被视为理所当然的顶级掠食者。支持暴龙为食腐动物的科学家，则认为强壮且巨大的暴龙，可从较小型的掠食者中抢食尸体。

对于暴龙的移动方式，主要有两个争议方向：暴龙的转弯能力以及暴龙在直线奔走时的极速。两者都关系着暴龙是否为掠食者，或仅是食腐动物。

一个近期的电脑模拟研究，根据生物力学推算出暴龙的旋转范围很小，而且很慢。根据伦敦大学皇家兽医学院的生物力学专家约翰·哈钦森（John Hutchinson）的说法，暴龙必须花1~2秒才能旋转45°，而完全直立、缺乏尾巴的人类，则可在1秒内旋转1圈。因为暴龙的体重大部分离它的重心较远，好比一个扛着巨大木材的成年人，因而增加了转动惯量，造成暴龙转动上的不便；但暴龙可将背部拱曲，将头部、前肢尽量向身体靠，以减低转动惯量。

关于暴龙是否能够奔跑，以及能以多快的速度移动，则有许多互相冲突的研究。针对暴龙的行走极速，科学家们已提出各种不同的估计值，大部分约是每秒11米（时速40千米）左右，但有少部分估计值为每秒5~11米（时速17~40千米），或是高达每秒20米（时速70千米）。

研究人员借由不同的方式去推算估计值，因为到目前为止所发现的大型兽脚类足迹化石，几乎都采用行走方式，没有一个是奔跑中的，这也许显示大型兽脚类恐龙无法奔跑。认为暴龙可以奔跑的科学家，他们主张暴龙的中空骨头与其他特征可以减轻身体重量，可让成年体的体重维持在 5 吨左右；而且，暴龙如同鸵鸟与马，拥有长而灵活的腿部，可用慢但大幅的步伐快速前进。此外，有些科学家认为暴龙的腿部肌肉比任何现存动物的还大，能够让它们高速奔跑（时速 40～70 千米）。

1993 年，杰克·霍纳与唐·雷森（Don Lessem）将暴龙的腿部结构与现存的动物做比较，提出暴龙不能奔跑，只能够行走。它们的股骨与胫骨的比例大于 1，如同大部分的大型兽脚类恐龙，显示暴龙移动方式为行走，如同现代大象。

然而，根据托马斯·霍尔特（Thomas R. Holtz Jr）在 1998 年的研究，在中生代或第四纪的化石记录中，暴龙科与其近亲是所有体重介于 5～7 吨的动物里，胫骨与股骨比例，以及跖骨与股骨比例最大的一种。以一个成年暴龙而言，它们的后肢似乎有点庞大。但是，若与其他类似大小动物的后肢相比，例如大象、三角龙、埃德蒙顿龙，暴龙的后肢则较为修长，并具有较长的胫骨与跖骨。与其他大型兽脚类恐龙相比，暴龙科的后肢较为修长。小型的暴龙科恐龙则更为修长；根据霍尔特的说法，最小的暴龙科恐龙独龙，与最大型的似鸟龙科似鸡龙，具有相同的后肢比例。

此外，暴龙科拥有类似似鸟龙科的脚部。与其他大型兽脚类恐龙的脚部相比，暴龙科的脚部较小、较修长。暴龙科与其近亲的跖骨间的连接较稳固，能够比早期兽脚类恐龙，将更多的移动能量从脚掌传递到小腿在趾行动物身上，跖骨负担部分小腿的功能。当暴龙移动时，它们的腿部与脚部可以做出有效率的运动方式。

霍尔特因此提出，相较于其他大型兽脚类恐龙，例如异特龙超科、斑龙超科、新角鼻龙类，暴龙更适合于高速奔跑。但这并不意味暴龙能以一般想象中的高速度奔跑，而是以高于猎物的速度奔跑。

1998 年，佩尔·克里斯坦森（Per Christiansen）提出暴龙的腿部骨头只比大象的腿部稍微强壮，这限制了它们的最高移动速度，而且无法奔跑。克里斯坦森更提出恐龙的移动极速约为每秒 11 米（时速 40 千米），约是人类短跑选手的速度。但他也指出，这个估计值是根据许多可疑的假设算出来的。

1995 年，任职于印地安纳州普渡大学韦恩堡分校的古生物学家詹姆斯·法洛（James Farlow）与其同事，提出暴龙的体重一般估计为 6 到 8 吨，如果它们跌倒，

身体将受到致命的冲击。它们的身体将以约 60 米/秒的加速度撞击地面，这可能导致它们的死亡。此外，暴龙的小型前肢无法在跌倒时支撑身体。虽然长颈鹿能够以时速 50 千米的速度奔跑，但是在这个速度之下，脚部可能会断裂，即使是在动物园这种安全的地方跌倒，仍会造成致命的伤害。如果必要时，暴龙仍能够奔跑，但将会有风险。

　　最近的暴龙移动方式研究，都估计暴龙的速度在每小时 17 千米（行走或慢速）到每小时 40 千米（中等奔跑速度）之间。例如，一个刊登于《自然》的 2002 年份研究，利用数学模型推算暴龙以高速奔跑时，所需要的腿部肌肉；该研究并以短吻鳄与鸡作为对照组。他们发现暴龙若以时速 40 千米的速度奔跑，它们需要非常巨大的腿部肌肉，将占身体的 40% 到 86% 的体积。即使以中等高速奔跑，仍然需要大型的腿部肌肉。如果暴龙的腿部肌肉较小，它们可能以每小时 18 千米的速度行走或慢跑。但由于无法得知暴龙的腿部肌肉多大，所以无法证实这个研究的结果。

　　2007 年 8 月，一个使用电脑推算的研究，直接利用化石的资料，推算出暴龙的最高速度为每秒 8 米（每小时 30 千米）。略高于一个职业足球员的速度。而一个短跑选手可以以每秒 12 米的速度奔跑。而此研究也发现，体重 3 千克的美颌龙能够以每秒 17.8 米（约时速 70 千米）的速度移动，其化石可能是个幼年体。

　　支持行走假说的科学家，估计暴龙行走的最高时速约每小时 17 千米，但这个数值仍比与暴龙同时代的猎物还快，例如鸭嘴龙类与角龙类。此外，有些支持暴龙为掠食者的科学家们则认为暴龙类的奔跑速度并不重要，因为它们的速度即使较慢，但仍比它们的猎物还适合奔跑，或者它们是采取伏击的方式来攻击速度较快的猎物。

艾伯塔龙

艾伯塔龙（学名 Albertosaurus），又名阿尔伯脱龙、阿尔伯它龙，是暴龙科艾伯塔龙亚科下的一属恐龙，生活于上白垩纪的北美洲西部，距今超过 7000 万年前。

模式种的肉食艾伯塔龙（A. sarcophagus）是在加拿大艾伯塔省省立恐龙公园发现，并以此省作为该属的名字。就其物种的数目，科学家们有不同的意见，已知的有 1~2 种。艾伯塔龙是双足的捕猎恐龙，有着很大的头，有很多大牙齿的颚骨及 2 只手指的细少前肢。它可能是在生态系统食物链的顶部。虽然在兽脚亚目中体型较大，艾伯塔龙比其著名的亲属暴龙更细小，重量与现今的黑犀差不多。超过 20 只艾伯塔龙的化石已被发现，提供了很多的研究资料。在同一位点曾发现10 只艾伯塔龙，可见它们有着群体活动，并且能容许发育生物学的研究。

基本介绍

艾伯塔龙身长约 9 米，身高 4.5 米，体重 4 吨，蜥臀目兽脚亚目巨大的食肉恐龙的属。化石发现于北美晚白垩纪地层，因出土于加拿大的艾伯塔而得名。它是一种早期霸王龙类。比我们熟悉的霸王龙要早 800 万年就横行于天下，由于它身材比较小，腿部又长，因此应该是霸王龙类里跑得最快的品种。

艾伯塔龙比暴龙科的一些恐龙，如特暴龙及暴龙体型较小。成年的艾伯塔龙约有 9 米长。有几项利用不同方法的研究指成年的艾伯塔龙体重 1.282 ~ 1.685 吨。艾伯塔龙的头颅骨很大，颈部很短呈 S 形，最大的成年恐龙颈部约为 1 米长。头颅骨上的孔洞减低了头部的重量，并且提供了肌肉连接和感觉器的位置。它的长颚骨包含了超过 60 颗蕉形牙齿。较大的暴龙科却有着较小的牙齿。与其他兽脚亚目不同，暴龙科是异型齿的，即牙齿有不同的形状。在上颚前颚骨的牙齿较其

他的牙齿为小，排列得更为紧密及横切面呈 D 形。所有暴龙科，包括艾伯塔龙在内，都有相似的外观。艾伯塔龙是双足的，及以长的尾巴来平衡头部及身躯。但是暴龙科的前肢相对于体形是极为细小的，且只有 2 趾。后肢很长及有四趾。大趾很短，只是其他三趾着地，而中间的脚趾较其他为长。

艾伯塔龙于 1905 年由美国自然历史博物馆的亨利·费尔费尔德·奥斯本（Henry Fairfield Osborn）在其有关暴龙的描述中所命名。这个名字是为纪念发现首个艾伯塔龙化石的地方：加拿大的艾伯塔省。属名亦包含了古希腊文的"σαυρο"（蜥蜴），是一般恐龙名字的后缀。在新墨西哥州发现的艾伯塔龙亚科头颅骨。这有可能是艾伯塔龙。

艾伯塔龙是兽脚亚目暴龙科的成员。在这个科下，肉食艾伯塔龙（Albertosaurus sarcophagus）与蛇发女怪龙（Gorgosaurus libratus）都是在艾伯塔龙亚科之中。艾伯塔龙亚科比强壮的暴龙亚科幼长。最近有指阿巴拉契亚龙亦是艾伯塔龙亚科的成员，但却备受质疑。

艾伯塔龙的模式种是肉食艾伯塔龙（A. sarcophagus），都是由奥斯本于 1905 年所命名。这个学名的意思是"肉食者"，并与石棺是同一语源。已知的艾伯塔龙标本超过 20 个，且有不同年龄的。

发现历史

艾伯塔龙的模式种是一个部分的头颅骨，于 1884 年在艾伯塔省红麋河边的露头中采集。该标本，连同一个较细的头颅骨及一些骨骼，是由加拿大地质学家约瑟夫·蒂勒尔（Joseph B. Tyrrell）所带领的加拿大地质调查局考察队所发现的。这个标本现正存放在加拿大自然博物馆。这两个头颅骨于 1892 年由爱德华·德克林·科普（Edward Drinker Cope）称它们为暴风龙（Laelaps incrassatus）。但是，这个属名早于 1877 年已经被厉螨属所用，奥塞内尔·查利斯·马什（Othniel

Charles Marsh）遂于 1904 年将这属改为伤龙。劳伦斯·赖博亦于同年将暴风龙改为伤龙。最终由于这个物种只是基于一些暴龙科的普通牙齿，而头颅骨亦被发现与伤龙的有明显分别，奥斯本于 1905 年将之命名为肉食艾伯塔龙。艾伯塔省的红麋河。超过一半的艾伯塔龙化石就是在此发现的。1910 年，美国古生物学家巴纳姆·布朗（Barnum Brown）在红麋河发掘出一大群艾伯塔龙的遗骸。加拿大皇家蒂勒尔博物馆于 1997 年再次发现该位址，并从新开展发掘的工作。这次的发掘发现 10 头非常幼小的艾伯塔龙。那原先被称为 A. arctunguis 的标本亦是在近红麋河发掘出来的，并且已存放在多伦多的皇家安大略博物馆。另外 6 个头颅骨及骨骼亦在艾伯塔省被发现，并存放在其他加拿大博物馆。所有肉食艾伯塔龙的化石都是于艾伯塔省的马蹄铁峡谷地层被发现。这个地层可以追溯至上白垩纪的麦斯特里希特阶，距今 7000 ~ 7300 万年前。很多其他的恐龙亦于此被发现，包括细小的兽脚亚目如似鸟龙、纤手龙及几种驰龙科，另有不同的草食性恐龙如甲龙下目、角龙下目、厚头龙下目及鸭嘴龙科。艾伯塔龙的化石在美国蒙大拿州、新墨西哥州及怀俄明州都有被发现，但这并不一定是肉食艾伯塔龙，甚至根本不是艾伯塔龙。

生长模式

利用骨骼的组织学，可以帮助确定恐龙死亡时的年龄，并以此估计其生长率，与其他物种作出比较。最年幼的艾伯塔龙只有 2 岁，体重约为 50 千克。1 只 24 岁的标本是已知最老的艾伯塔龙，就存放在加拿大皇家蒂勒尔博物馆，体重约 1.14 吨。但最重的却是存放在美国自然历史博物馆内的标本，估计重 1.28 吨及 22 岁。当年龄及体重都量度后，可以得出一个 S 形的曲线。由此可见，艾伯塔龙约在 16 岁的 4 年间成长最为快速。生长率在此阶段约为每年 122 千克。其他体型相似的暴龙科亦有相似的生长率，但却比暴龙的生长率要低得多（接近 8 倍）。当到达 16 岁的成长阶段完结时，艾伯塔龙骨骼发育成熟，但仍是会维持艾伯塔龙较低的生长率。由巴纳姆·布朗发现的艾伯塔龙骨床包含最少 10 头恐龙。当中有 2 ~ 3 头超过 21 岁，1 头较年轻的约 17 岁，4 头正在发育阶段的在 12 ~ 16 岁间及 1 头 10 岁的幼龙。另有 1 头只有 2 岁的幼龙。

由于缺乏其他草食性恐龙遗骸及所有个体的相同保存状况，菲力·柯尔认为

这个位址并非一个像加利福尼亚州拉布雷亚沥青坑的捕猎者陷阱。而所有动物都在同一时间死亡，估计它们是群体活动的。其他的学者对此存有怀疑，认为它们是因洪水或其他原因而被逼在一起的。

草食性恐龙，如角龙下目及鸭嘴龙科都有很多证据证实是群体活动的。然而很少发现有如此多的捕猎恐龙在同一地方。但是细小的兽脚亚目，如腔骨龙及恐爪龙都是一群被发现的，较大的异特龙及马普龙也都如此。有一些证据亦指其他暴龙科是群体活动，如在芝加哥菲尔德自然历史博物馆内展示的暴龙"苏"在被发现时旁边有一些碎片遗骸。在蒙大拿州的双麦迪逊组最小有 3 个未命名的惧龙标本。纵然有些位址可能是临时的或不自然的群体聚集，但这些发现都为艾伯塔龙的群体活动行为提供了证据。

柯尔亦猜测艾伯塔龙的群猎习性。细小艾伯塔龙的脚与似鸟龙的比较，估计它们是跑得最快的恐龙。年轻的艾伯塔龙可能比它们的猎物跑得更快，他猜测年轻的恐龙驱赶猎物至成年的恐龙。但是由于化石记录所提供的资料有限，这个假说能难去证实。

特 暴 龙

6700 万年前的晚白垩纪，在中国山东的某个地方，一大群由谭氏龙（Tanius）、诸城龙（Zhuchengosaurus）、计氏龙（Gilmoreosaurus）、山东龙（Shantungosaurus）和青岛龙（Tsintaosaurus）等各种各样鸭嘴龙组成的龙群正在悠闲地吃着它们美食——裸子植物，然而，它们却没有发现自己已经被东亚最可怕的猎手盯上了——那是一头体长接近 10 米，体重超过 5 吨却依然身手敏捷的猎手。猎手已经观察这群鸭嘴龙几天了，现在时机终于出现了，于是这个可怕的猎手咆哮着冲了出去。一阵喧闹过后，一头母山东龙才发现自己的孩子已经被拖进树丛咬死了，而可怜的母亲此时却只能悲伤地哀号，因为它知道自己是打不过这个体重不到自己一半的猎手的，即便是龙群在未来很久也都会沉浸在这个猎手带来的恐怖之中。

　　而在南方广东的河源，一只母河源龙（Heyuannia）正在细致地照顾自己的幼龙，和在山东袭击鸭嘴龙的猎手相同的恐怖身影又一次出现了，它残忍地袭击了巢穴旁的母龙，留下了巢穴中等待妈妈的幼龙。

　　同样可怕的猎手还活跃在云南，河南，黑龙江，甚至整个中国大地。

　　这些凶猛恐怖的猎手是谁呢？

　　它们就是特暴龙（Tarbosaurus）！

　　亚洲发现的恐龙非常独特，特别是中国、蒙古的恐龙实在令人惊叹。要谈到特暴龙，就先要从几千千米外的北美洲讲起。1902 年，一个跨世纪的大发现——一种当时最庞大，最凶猛的食肉恐龙——暴龙在北美洲出土。至今已经110多年，不过，早期的古生物学家依照型，推断出暴龙乃是由侏罗纪时期的霸主异特龙直接进化而成的。在 20 世纪初、中期的古生物学界，暴龙乃异特龙直接进化而成的理论成了主流的观点。20 世纪末期，考古学家依骨骼构造，否定了暴龙乃异特龙直接进化而成的理论。

　　不过，至今仍争持不下的是究竟暴龙的近亲是什么样的恐龙？古生物学家根据身体构造，指出暴龙最早源于三叠纪的空骨龙；不过，到了白垩纪末期，暴龙的类似品种则分支成两种。一种是亚洲蒙古的特暴龙 tarbosaurus，另一种是北美洲本身的恶霸龙 daspletosaurus。

　　特暴龙是截至目前在亚洲发现过最庞大的食肉恐龙，相信跟暴龙一样，是十分凶猛的巨型食肉恐龙，体型略瘦。典型的特暴龙身长较北美洲的暴龙稍为逊色，约 10 米长，最长可以到 12 米。身高约 4 米，重 6 ~ 7 吨，嗅觉灵敏，相信跟暴龙一样是靠嗅觉追踪猎物的位置。特暴龙很可能比暴龙更可怕，尽管它们的头骨比暴龙窄一些，但是更结实，下颚的连接虽然不灵活但是可以提供比暴龙更大的咬合力，而且特暴龙的牙齿大小一点也不输给暴龙。因为有这么精良的武器，所以

特暴龙分布广泛而且可以选择的食物也很多，从鸭嘴龙类到蜥脚类，而在广东的特暴龙还可能会以当地丰富的窃蛋龙类为食物。

这个品种在 7500 万~6500 万年前，在今天的蒙古相信很常见。美国最受欢迎的恐龙其实很可能源自亚洲，因为在晚白垩纪的时期，亚洲和北美洲在今天的白令海峡处有"陆桥"连接。所以，亚洲的恐龙能够徒步迁徙往北美洲，在那个年代绝对不为奇。

在古生物分类学上两者属于同一个"族"，分别很小。我们相信特暴龙可能是迁徙到美洲后再进化成暴龙。

斑　龙

斑龙（属名：Megalosaurus）又名巨龙、巨齿龙，属名在希腊文意为"巨大的蜥蜴"，斑龙是种大型肉食性恐龙，生存于中侏罗纪巴通阶的欧洲（英格兰南部、法国、葡萄牙）。斑龙是侏罗纪晚期一种体型庞大的肉食性兽脚类恐龙，其遗骸非常破碎，里面可能还混杂其他兽脚类骨骼的破片。

发　　现

古代中国人虽然早在晋朝就发现了恐龙，但是却以为它们是传说中的龙的骨头；普洛特先生虽然早在 1677 年就发现并描述了巨齿龙，但是却误认为它们是巨人的遗骸；曼特尔夫妇虽然在 1822 年就发现了禽龙化石，可是却一直到 1825 年才把它发表出来。

而就在禽龙被鉴定的期间，英国地质学家巴克兰却在 1824 年率先发表了世界上第一篇有关恐龙的科学报告，报道了一块在采石场采集到的恐龙下颌骨化石——斑龙。巴克兰认为这是一种新型的爬行动物，而"斑龙"之名的拉丁文原意是"采石场的大蜥蜴"。

斑龙是第一种被叙述的恐龙。1676 年，人们在英国牛津市附近的 Cornwell 一处石灰岩采石场，发现了部分斑龙骨头。这些骨头碎片被交给牛津大学的化学教授罗伯特·波尔蒂（Robert Plot），他同时也是阿什莫尔博物馆的馆长，他在 1677 年的"Natural History of Oxfordshire"一书上对这些骨头进行了叙述。他正确地将这些骨头描述为一只大型动物的股骨最下端，波尔蒂认为这些骨头过大，所以并不属于任何已知物种；他认为这骨头来自某种巨大动物的大腿。这些骨头之后就遗失了，但已留下足够的叙述，得以确认它们属于斑龙的股骨。

这个 Cornwell 骨头由理查德·布鲁克斯（Richard Brookes）在 1763 年再度叙述。他将这些骨头命名为 Scrotum humanum，因为它们看起来类似人类的一对睪丸。在当时，这名称被认为并不适合用在仍有争论的动物上，而且并未在后来的科学文献中使用。Scrotum humanum 是在双名法开始采用后公布的，根据国际动物命名委员会的规定，理论上应该比斑龙（Megalosaurus）还具有优先权，但国际动物命名委员会宣称，如果一个分类名词在公布后遭到废弃达到 50 年，这名词将不再拥有优先权。所以，Scrotum humanum 成为一个遗失名（Nomen oblitum）。

从 1815 年开始，在 Stonesfield 的采石场发现了许多斑龙化石。牛津大学的地理教授威廉·布克兰（William Buckland）取得了这些化石，他同时也是牛津大学基督教堂学院的院长。在当时他并不知道这些骨头属于何种动物；但在 1818 年，拿破仑战争结束后，法国比较解剖学专家乔治·居维叶（Georges Cuvier）拜访了牛津大学的布克兰，他发现这些骨头属于一种巨大、类似蜥蜴的动物。在 1824 年，布克兰在"Transactions of the Geological Society"一书公布了关于这些化石的叙述。但詹姆士·帕金森（James Parkinson）已在稍早的 1822 年，在一篇文章中叙述了这些骨头。

斑龙的右下颚绘画，取自于威廉·布克兰 1824 年的书籍"Notice on the Megalosaurus or Great Fossil Lizard of Stonesfield"。在 1824 年以前，布克兰仅拥有斑龙的部分下颚与牙齿、一些脊椎骨、骨盆与肩胛骨的碎片以及后肢，这些化石可能来自不同的个体。布克兰认为这些骨头属于一只与 Sauia 有关的巨大动物，他建立一个新属斑龙（Megalosaurus），并估计这动物的身长为 12 米。在 1826 年，Ferdinand Ritgen 将斑龙命名了完整的学名 Megalosaurus conybeari，但这名称并不被后来的学者所使用，现在则被认为是个遗失名。在 1827 年，吉迪恩·曼特尔（Gideon Mantell）将斑龙列于他的英国东南部地理测量当中，并将这个动物归类于巴氏斑龙（Megalosaurus bucklandii），也是目前所使用的学名。直到 1842 年，理查·欧文才建立恐龙这个分类项目。

1997 年，英国牛津市东北 20 千米处的阿德利石灰岩采石场发现了一个著名的足迹化石。这些化石被认为属于斑龙，而其中某些属于鲸龙。这些足迹化石部分被复制下来，并送到牛津大学自然历史博物馆展示。

自从首次被发现之后，到目前已挖掘出许多斑龙化石，但没有发现完整的骨骸。所以，斑龙的外表细节仍未确定。

早期重建

1852 年，本杰明·瓦特豪斯·郝金斯（Benjamin Waterhouse Hawkins）受到水晶宫委托，为了恐龙展览而建立一个斑龙模型，这个模型现在仍在水晶宫。早期古生物学家因为从未看过这些生物，因此将它们以传说生物中的龙作为重建参考对象，使它们拥有巨大头部，以四足行走。直到 19 世纪中期，在北美洲发现了其他兽脚亚目恐龙，才更准确地描绘出它们的外表。那个时期的恐龙分类较不严谨，因此在欧洲发现的所有兽脚类恐龙都被分类于斑龙。这些物种后来都被重新分类，但仍列在古老的科学文献上，造成许多混淆。

斑龙的大部分重建图，都是在脊椎发现前建立的，这也造成许多混淆。德国杜宾根大学的休尼（Friedrich von Huene）在描绘斑龙时，改而采用比克尔斯棘龙的骨干；比克尔斯棘龙是种神秘的大型兽脚类恐龙，背部有高的神经棘，曾被分类于棘龙科。因此，许多较晚的绘画都根据休尼的版本，将斑龙画成有背脊或小型帆状物，类似棘龙的模样。

现代重建

事实上，斑龙的确拥有相当大的头部，而牙齿明显属于肉食性动物。斑龙身长约为 9 米，它们的长尾巴可平衡身体与头部，因此它们现在被重建为二足恐龙，如同其他的兽脚亚目恐龙。斑龙的颈椎显示它们有非常灵活的颈部。斑龙的体重约为 1 吨，它们的后肢大且充满肌肉，以支撑它们的重量。如同所有的兽脚亚目恐龙，斑龙的脚掌有 3 个往前的脚趾，以及 1 个往后的脚趾。虽然斑龙的体型没有与较后期的大型兽脚类恐龙一样大，例如暴龙，它们的前肢小，可能拥有 3 或 4 个手指。

斑龙生存于侏罗纪的欧洲，约 1.8 亿年前到 1.69 亿年前。斑龙可能以剑龙类与蜥脚类恐龙为食。过去曾有叙述认为斑龙在森林中猎食禽龙（禽龙是另一种早期命名的恐龙），但因为禽龙的化石发现于早白垩纪地层，而斑龙生存于中侏罗纪，所以斑龙不可能以禽龙为食。非洲没有发现任何斑龙化石，与某些过时的恐龙书籍记载的状况相反。

虽然斑龙是种强壮的肉食性恐龙，它们也许可以攻击最大型的蜥脚类恐龙，但它们也有可能如清道夫般搜寻食物；但这无损于斑龙猎食者的形象，暴龙可能也是搜寻食物者。要维持如此大型的体型，进食时的效率是必要的。

在牛津大学自然历史博物馆中展示了一个具有历史意义的斑龙骨骸。

恐 爪 龙

恐爪龙体型轻巧、奔跑快速的兽脚类肉食恐龙。身长 3 米，具有刀剑般锐利的牙齿和紧握的脚掌。它的尾巴和棍棒一样坚硬，用来保持平衡。每只脚的第二个趾头上都有巨大的镰刀状利爪。就像犹他盗龙一样，它是属于低层白垩纪时期的奔龙。

1964 年，在美国的蒙大拿州 Grant E. Meyer 和 John H. Ostrum 第一次发现了

恐爪龙化石。恐爪龙的大头上长着非常锋利的牙和坚固的下巴。它用两脚站立，前臂比较短。每只手上有3个带着尖长爪子的手指，每只脚有4个脚趾，其中一个脚趾上长着约12厘米的利爪。它有个长尾巴。它的眼睛非常大，所以能看得很清楚。恐爪龙非常聪明，它们成群打猎，跑起来非常迅速。恐爪龙是肉食动物。它吃任何它可以捕杀并撕裂的动物。

恐爪龙还有一套独特的捕杀本领：一只脚着地，另一只脚举起镰刀般的爪子，加上前肢利爪的配合，很容易将猎物开膛破肚，一下子置于死地。是最不寻常的掠食者。对其他恐龙而言，它的前指也异常的长，但对恐爪龙而言其长度刚好能够抓住猎物然后用有勾爪的脚去踢猎物的肚子，撕开皮肤，给猎物开膛破肚。

本次发现的这种恐龙，可谓是考古界的一次洗脑，它一改以往人们印象中恐龙那种笨重、臃肿、迟钝的恶心形象，恐爪龙毫无疑问是专为速度和屠杀而创造的恐怖生物，它的尾部有独特的骨棒加固，明显是为了在急速猎杀中保持身体平衡而进化出来的。恐爪龙也和其他驰龙科成员一样长羽毛，智商很高。

异 特 龙

异特龙（属名：Allosaurus）又称跃龙或异龙，是兽脚亚目肉食龙下目恐龙的一属。异特龙是种大型的二足、掠食性恐龙，平均身长为8.5米，最长可达12～13米。它们生存于侏罗纪晚期，约1亿5500万年前到1亿4500万年前。

异特龙具有大型的头颅骨，上有大型洞孔，可减轻重量，眼睛上方拥有角冠。它们的头骨是由几个分开的骨头组成的，骨头之间有可活动的关节，进食时颌部可先上下张开，然后在左右撑开吞下食物；它们的下颚也可以前后滑动。颚部拥有数十颗大型、锐利、弯曲的牙齿。相较于大型、强壮的后肢，它们的前肢小，手部有 3 指，指爪大而弯曲，长度为 25 厘米。尾巴长而重，可平衡身体与头部。异特龙的骨架和其他兽脚亚目恐龙一般，呈现出类似鸟类的轻巧中空特征。

异特龙是该时期北美洲莫里逊组最常见的大型掠食者，并位于食物链的顶层。它们可能以其他大型草食性恐龙为食，如鸟脚下目、剑龙科、蜥脚下目恐龙。异特龙经常被认为采用群体合作方式攻击蜥脚类恐龙，但很少证据显示异特龙具有共同攻击的社会行为。它们可能采取伏击方式攻击大型猎物，使用上颚来撞击猎物。

第一个可明确归类于异特龙的化石，是在 1877 年由奥塞内尔·查利斯·马什（Othniel Charles Marsh）所发现的。异特龙具有复杂的分类历史，过去曾有许多种最初被归类于异特龙，但现在被分类于个别的属。最著名的种是模式种脆弱异特龙（A. fragilis）。异特龙在 20 世纪中长期被命名为腔躯龙，直到在克利夫兰劳埃德采石场发现大量的化石后，异特龙才成为常用的名称，并成为最广受研究的恐龙之一。

异特龙的化石主要来自于北美洲的莫里逊组，另外在葡萄牙、坦桑尼亚也发现了可能的化石。异特龙的化石是美国犹他州的州化石。由于异特龙是最早被发现的兽脚亚目恐龙之一，所以长期以来吸引了一般大众的注意，并出现在数个电影与电视节目中。

1877 年，奥塞内尔·查利斯·马什（Othniel Charles Marsh）最初为异特龙命名时，他认为这种恐龙的脊椎构造独特，和当时已知的其他恐龙有异，所以取名为异特龙（Allosaurus），allos/αλλο 在古希腊文里意为"奇特的"或"不同的"，而 saurus/σαυρο 意为"蜥蜴"。因此异特龙意为"奇特的蜥蜴"。

但是，在翻译异特龙的译名时出了一些误会，有人认为该词源是拉丁文中"跳跃"的意思（出处不明），所以误把它译为跃龙。但异特龙的学名应译为"奇特的蜥蜴"，与"跳跃的蜥蜴"没有关系，所以还是应该称之为异特龙。

异特龙与人类的体型相比。由大到小分别是：Epanterias、AMNH680、脆弱异特龙、大艾尔。

异特龙是种典型的大型兽脚类恐龙，拥有大型头颅骨、粗壮的颈部、长尾巴以及缩短的前肢。脆弱异特龙是最著名的种，平均身长为 8.5 米，而最大型的异特龙标本（编号 AMNH 680）的身长估计为 9.7 米，体重为 2.3 吨。在 1976 年，詹姆斯·麦迪逊（James Madsen）的异特龙专题论文中，他提出异特龙的身长最大值为 12～13 米。如同其他的恐龙，异特龙的体重估计值也有争议，自从 1980 年以来，成年异特龙的体重估计值，已有 1500 千克、1000～4000 千克以及 1010 千克等不同的数据。在近年，莫里逊组专家约翰·福斯特（John Foster）提出，大型的成年脆弱异特龙的体重为 1000 千克，但根据他所测量、参考的股骨，合理的估计值应约 700 千克。

目前有数个巨型标本被归类于异特龙属，但事实上可能属于其他恐龙。异特龙的近亲食蜥王龙（编号 OMNH 1708）身长可能有 10.9 米，曾被归类于异特龙的一种，巨异特龙（A. maximus），最近的研究多认为它们是个别的属。另一个可能属于异特龙的标本（编号 AMNH 5768），曾长期被归类于 Epanterias，身长为 12.1 米。近年在新墨西哥州莫里逊组的彼得森采石场，发现一个大型的异特龙科部分骨骼，可能是食蜥王龙的第二个标本。

头　部

在兽脚亚目之中，异特龙的头颅骨、牙齿与身体的比例适中。葛瑞格利·保罗（Gregory S. Paul）依据一个长度为 84.5 厘米的异特龙头颅骨，估计该个体的身长为 7.9 米。每块前上颚骨各有 5 颗牙齿，牙齿的横剖面呈 D 形，而每块上颚骨有 14～17 颗牙齿；异特龙的牙齿数量与骨头大小并不呈正比。而每块齿骨约有 14～17 颗牙齿，平均数量为 16 颗。越往嘴部深处，牙齿就越短、狭窄、弯曲。异特龙的牙齿都为锯齿状。这些牙齿很容易脱落，所以它们会不断地生长、替代，并成为常发现的化石。

异特龙的眼睛上方拥有一对角冠，由延伸的泪骨所构成。角冠的形状与大小随着个体而不同。鼻骨的上方也有一对低矮的棱脊，并沿着鼻骨，连接到眼睛上的角冠。这些角冠可能覆盖着角质，并具有不同的功能，例如替眼睛遮蔽阳光、视觉展示物以及物种内的打斗行为（问题是它们非常脆弱）。头颅骨后上方也有一个棱脊，可供肌肉附着，这特征也可见于暴龙科动物。

泪骨内侧有凹处，可能内藏腺体，例如盐腺。上颚骨内侧有凹陷处，发展的比基础兽脚类恐龙的鼻窦还好，例如角鼻龙与马什龙；这些凹陷处可能与嗅觉器官有关，例如犁鼻器。异特龙脑壳顶部较薄，可能为促进脑部的体温调节。

异特龙的头颅骨是由个别的骨头组成，而骨头之间有可活动的关节。例如下颚的前半部与后半部可往外弯曲，增加骨头间的空隙，因此可以吞下较大的食物。脑壳与额骨之间可能也有类似的关节。

骨　骸

异特龙的骨骼重建，位于圣地亚哥自然历史博物馆。

异特龙拥有 9 节颈椎、14 节背椎、5 节支撑臀部的荐椎。尾椎的数量不明，可能随着个体大小而不同；詹姆斯·麦迪逊估计异特龙有接近 50 节尾椎，而葛瑞格利·保罗认为这个数量过多，提出应该不超过 45 节。颈椎与前段背椎有中空区域，这种空间也可见于现代鸟类，被认为具有类似鸟类的气囊系统，使用于呼吸作用上。异特龙的肋骨宽广，形成桶状胸腔，与较原始的兽脚类（例如角鼻龙）不同。异特龙也具有腹肋，但不常被发现，可能有稍微的骨化。在一个已公布标本中，这些腹肋被发现生前曾受过伤。有一个叉骨被保存下来，但直到 1996 年才被确认出来；在一些案例中，叉骨与腹肋则被混淆。主要的臀部骨头肠骨巨大，耻骨有个明显的尾端，可能作为肌肉附着处，以及身体躺在地面时的支撑物。

在 1976 年，麦迪逊发现克利夫兰劳埃德恐龙采石场所发现的异特龙化石，有接近一半个体的 2 个耻骨上端，并未互相固定。由于这个特征与体型无关，因此麦迪逊认为这是种两性异形，雌性个体的耻骨上端没有互相固定着，可使产卵时更为顺利。然而，这个理论并未引起进一步的讨论。

指　爪

与后肢相比，异特龙的前肢相当短，约是后肢长度的35%。每个手部具有3根手指，以及大型、大幅弯曲的指爪。异特龙的前肢强壮，与其他的兽脚类恐龙相比，它们的前肢适合抓握一定距离内的猎物，或是将猎物拉近。前臂稍短于上臂，肱骨与尺骨的比例为1∶1.2。手腕具有类似半新月形的腕骨，手盗龙类的腕骨更为接近半新月形。异特龙的3根手指中，内侧第一根手指是最长的。指爪的状态显示手指可能是用来钩住东西。

与暴龙科相比，异特龙的腿部较短，不像暴龙科适合奔跑，而且趾爪较原始，类似早期兽脚类恐龙的蹄状趾爪。每个脚部具有3个巨大趾爪，可以承受它们的巨大重量；第四趾萎缩成为上爪，麦迪逊认为幼年个体的上爪具有挖握功能。异特龙被认为具有残余的第五跖骨，可能作为跟腱与脚部的夹层使用。

智　商

通过研究遗骸，我们了解到，许多恐龙身体庞大，但不意味着它们很聪明。马门溪龙活着的时候约有四五十吨重，而脑子重量只有500克左右。又如剑龙，它的身躯有大象那么大，而脑子却小得如约100克的核桃。异特龙也长着庞大的身体，但据推测，它的大脑可能与一只猫的大脑大小差不多，所以它使人觉得它是四肢发达，但是头脑不可能很聪明的动物。

发现和命名

早在1869年，科罗拉多州格兰比郡附近的中央公园当地居民将一个恐龙化石误认为是一个"马蹄化石"，并交给了费迪南德·范迪威尔·海登（Ferdinand Vandiveer Hayden）；该地可能属于莫里逊组。海登将这标本交给约瑟夫·莱迪（Joseph Leidy），莱迪发现这个"马蹄化石"其实是半节尾椎骨。约瑟夫·莱迪起初暂时将它归类为欧洲杂肋龙的一个种（Poicilopleurodon valens），后来将它建立为一个新的属，腔躯龙（Antrodemus）。

异特龙的原型标本（编号 YPM 1930）被发现于科罗拉多州卡农城北方的花园公园，由一小群破碎骨头所构成，包含 3 节脊椎、1 个肋骨碎片、1 颗牙齿、1 个趾骨以及右肱骨主干部分；而右肱骨最常被后来的研究提及。1877 年，奥塞内尔·查利斯·马什（Othniel Charles Marsh）根据这些化石，把这种生物定名为异特龙，并把其模式种正式命名为脆弱异特龙（Allosaurus fragilis）。种名 fragilis 来自拉丁语，意即"脆弱的"，是指它们的脊椎骨很轻盈。

在 18 世纪后期的化石战争期间，马什与爱德华·德林克·科普（Edward Drinker Cope）之间有过激烈的竞争。两人曾根据许多零散、相似的化石建立了数个属，但之后被证明属于异特龙，使得异特龙的发现与早期研究非常复杂。两人所建立的名称包含马什命名的 Creosaurus（意为"肌肉蜥蜴"）、Labrosaurus（意为"贪吃的蜥蜴"）以及科普命名的 Epanterias（意为"拱起的"）。

在竞争的过程中，科普与马什并没有持续地进行他们与他们下属的挖掘工作。举例而言，班杰明·福兰克林·马奇（Benjamin Franklin Mudge）在科罗拉多州花园公园发现异特龙的原型标本后，马什便转向怀俄明州进行新的挖掘工作；而在 1883 年，M. P. Felch 重新开始花园公园的挖掘工作后，却发现了一个几乎完整的异特龙化石，以及数个部分骨骸。另外，科普的一个挖掘工人 H. F. Hubbell，在 1879 年于怀俄明州的科摩崖发现了一个异特龙标本（编号 AMNH 5753），但他没有提到化石的完整程度，所以科普从未看过这个化石。在 1903 年，科普死后数年，这个标本被发现是当时最完整的兽脚类恐龙之一，并在 1908 年开始展览。在一个由查尔斯·耐特（Charles R. Knight）所绘制的图画中，编号 AMNH 5753 的异特龙跨越在一只迷惑龙身上，吞食着迷惑龙的尸体。虽然这是第一次将兽脚类恐龙描绘成站立姿态，但当时并没有科学证据可以支持。

异特龙名称的重复使得研究变得复杂，并随着马什与科普的竞争而恶化。在当时便有一些科学家，例如塞缪尔·温德尔·威利斯顿（Samuel Wendell Williston），提出有太多相关名称被重复建立。在 1901 年，威利斯顿便指出马什自己也无法分辨出异特龙与 Creosaurus 的差异。查尔斯·怀特尼·吉尔

摩尔（Charles W. Gilmore）在 1920 年尝试将这些复杂的名称整理、归类。吉尔摩尔认为莱迪用来命名腔躯龙的尾椎，其实跟异特龙的尾椎一样；因为腔躯龙较早命名，所以取代异特龙。在接下来的 50 年，腔躯龙取代异特龙，成为正式的名称。腔躯龙目前为非正式的用法，只用来区分吉尔摩尔与麦迪逊两人重建的不同形态头颅骨。

早在 1927 年开始，犹他州艾麦里县的克利夫兰劳埃德恐龙采石场便有了零散的发现，威廉·斯托克斯（William J. Stokes）在 1945 年于《科学》杂志描述了这个采石场，但直到 1960 年代，才开始了大型的挖掘计划。在 1960 年到 1965 年期间，在接近 40 个机构的合力挖掘之下，该采石场出土了数千块骨头。克利夫兰劳埃德采石场之所以著名，原因包含大部分骨头都属于脆弱异特龙，例如在 2006 年，73 个出土的恐龙个体中，至少有 46 个属于脆弱异特龙；这些化石不呈天然状态，而且互相混合；将近有 10 多个科学研究讨论了该地点的化石埋葬状况，形成不同、互相矛盾的解释。对于该地的成因，包含大群动物深陷在泥泞之中、干旱导致大群动物困在水洼之中。无论正确的成因为何，当地发现的大量异特龙化石使得科学家可以详细地研究它们，使得异特龙成为了解最多的兽脚类恐龙之一。该地所出土的异特龙化石几乎包含各种年龄与大小，身长在 1～12 米。

生长模式

异特龙的大量化石几乎涵盖了所有的年龄层，这使得科学家们可以研究异特龙的生长模式与年龄上限。在科罗拉多州发现的一堆压碎的蛋化石，可能属于异特龙，这是目前所发现最年幼的异特龙化石。根据四肢骨头的组织学分析，异特龙的年龄上限为 22 岁到 28 岁，相当于其他大型兽脚类恐龙（例如暴龙）。异特龙的最高生长率大约发生在 15 岁时，一年可以增加 148 千克的体重。

目前已在一个出土于克利夫兰劳埃德的异特龙胫骨身上，发现了骨髓骨组织。除了异特龙以外，腱龙与暴龙也发现了骨髓骨。骨髓骨目前只存在于产卵的雌性鸟类身上，骨髓骨富含钙，可用来制造蛋壳。异特龙的骨髓骨组织，显示该个体是雌性的，而且正在繁衍期中。这个雌性异特龙估计是在 10 岁时死亡，从此显示异特龙在完全成长前，就已达到性成熟。

一个几乎具有完整后肢的幼年异特龙标本，显示幼年个体的后肢比例较成年个体长，而且后肢下半部（小腿与脚部）长于大腿部分。这些差别显示年轻异特龙的移动速度较快，并具有不同于成年个体的猎食方式，例如追赶小型猎物，而成年个体则改采伏击方式捕食大型的猎物。随着异特龙的成长，它们的大腿骨头变得更厚、更宽，而横剖面变得较不圆形，随着肌肉附着点的改变，肌肉相对更短，腿部的成长减缓。这些改变显示幼年异特龙的腿部，承受的应力较成年异特龙小，幼年异特龙可能以更规律的速度前进。

进食方式

异特龙的攻击方式，根据巴克与雷菲尔德等人的理论而重建。

异特龙被认为是种主动攻击的大型掠食者。根据蜥脚类恐龙骨头上的异特龙齿痕，以及与蜥脚类化石一起发现的零散异特龙牙齿来判断，异特龙可能以蜥脚类恐龙为猎食对象，或是搜寻它们的尸体为食。另外，有明确证据显示异特龙曾经攻击过剑龙，例如一个异特龙的尾椎上有个部分痊愈的伤口，这个被刺穿伤口的形状符合剑龙的尾刺；另外，在一个剑龙的颈部骨板上有个 U 形的伤口，与异特龙的嘴部形状符合。在 1988 年，葛瑞格利·保罗（Gregory Paul）提出异特龙不可能以蜥脚类恐龙为食，除非采取群体方式猎食；因为异特龙的头部大小属中型、牙齿相对较小，体型也无法与同时代的大型蜥脚类恐龙相比。另一个可能则是异特龙以幼年蜥脚类恐龙为猎食对象，而不猎食完全成长的蜥脚类恐龙。1990—2000 年的研究可能解答了这个问题。

罗伯特·巴克（Robert T. Bakker）将异特龙与一些生存于新生代肉食性哺乳类相比，发现类似的适应演化，例如：颚部肌肉的缩小、颈部肌肉的增大以及将颚部左右撑开的能力。虽然异特龙的牙齿并非如这些哺乳类呈军刀状，巴克提出了另一种异特龙的攻击方式：上颚的短牙齿会形成类似锯子的小型锯齿表面，可切入

猎物肉体。这种形态的颚部可使异特龙采取撕咬方式攻击大型猎物，消耗猎物的体力。

　　埃米莉·雷菲尔德（Emily J. Rayfield）等人使用有限元分析，研究了异特龙的头颅骨，也得到了类似的结果。根据其中的生物力学研究结果，异特龙的头颅骨非常强壮，但咬合力相当小。异特龙的咬合力只有 805～2148N，少于短吻鳄（13 000 牛）、狮子（4167 牛）、美洲豹（2168 牛），原因是它们咬合时只使用到颚部的肌肉，然而它们的头颅可承受约 55 000N 来自于齿列的垂直压强。这个研究也提出异特龙使用头部来撞击猎物，并张开大口、撕咬猎物，而不用撑开头部的骨头。这个研究认为异特龙的头部结构允许它们采取不同的猎食模式来攻击不同的猎物：它们的头部较轻型，可攻击较小、较灵活的鸟脚类恐龙；但头部有足够的强度承受撞击，可允取它们采取伏击方式攻击较大型的剑龙科与蜥脚类恐龙。其他的科学家则对这个研究表示异议，他们认为现存的生物中没有采取撞击方式猎食的动物，并提出异特龙的头部有足够的强度，应可承受猎物挣扎的力量。雷菲尔德等人对异议提出回应，他们承认现存的生物中没有类似异特龙的动物，但异特龙的齿列适合这种攻击方式，而它们的头部结构可保护上颚、降低承受力量。另一种可能则是，兽脚类恐龙（例如异特龙）不必费力将猎物杀死，而是从活生生的蜥脚类恐龙身上咬下足够的肉块，肉块的大小只需维持猎食者生存即可。这种猎食方式也使猎物有机会痊愈，而猎食者也可能以类似的方式再度猎食。另外，鸟脚类恐龙是当地最常见的猎物，因此异特龙可能采用偷袭方式猎食鸟脚类恐龙，使用前肢抓住猎物，并咬断猎物喉咙的气管，类似今日的大型猫科动物。异特龙的前肢强壮，能够抓紧猎物，所以这个猎食方式是可能成立的。

　　其他影响进食方式的因素包含眼睛、前肢以及后肢。异特龙的头部形状将立体视觉限制在20°的范围内，略小于现代鳄鱼。如同鳄鱼，这个范围已足够异特龙判断猎物的距离与攻击时机。相较于其他兽脚类恐龙，异特龙的前肢适合抓住一定距离的猎物，还有将猎物拉近；而指爪的构造显示它们可用来勾取物体。经估计，异特龙的最高奔跑速度可达每小时 30～55 千米。

社会行为

　　长久以来，半科学文献与大众读物都将异特龙描述成以群体方式猎食，并以蜥脚类恐龙与其他大型恐龙为猎食对象。罗伯特·巴克（Robert T. Bakker）从脱落的牙齿、大型猎物被咬过的骨头研判，异特龙具有亲代养育的社会行为。巴克认为成年异特龙将食物带到巢穴中，以供幼年异特龙食用，并防止其他肉食性动物找到它们的食物。但实际上，很少证据显示兽脚类恐龙具有群居行为。而腹肋上的伤口、头颅上的咬痕，则证明异特龙具有互相攻击的物种内行为；Labrosaurus ferox 被怀疑是病状的下颚，有可能是互相攻击的后果。

同一群体内的异特龙，或 2 只敌对的个体，可能借由这种互相咬伤头部的行为，来确定活动范围。

近年的研究提出异特龙与其他兽脚类恐龙具有侵略性的物种内行为，而非合作性的行为，如同其他的双弓动物。

一个研究则推论兽脚类恐龙会合作猎食，而非个别猎食；这种行为在脊椎动物中较少见，而现存双弓动物（包括蜥蜴、鳄鱼、鸟类）很少合作猎食。许多现代的掠食性双弓动物是领域性的，会将侵入领地的同类杀死并吞食它们的尸体；另外当聚集在食物周围时，它们会将企图抢先的较小个体杀死。导致克利夫兰劳埃德采石场的出现大量异特龙化石的原因可能是它们在同类相食时被淹死。这也可以解释在异特龙化石中，幼年与近成年个体所占的比例较高；因为在现代的鳄鱼与科莫多龙中，幼年与近成年个体较少在聚食地点中被杀死。这理论也可解释巴克所发现的巢穴状况。有些证据显示异特龙具有同类相食的行为，例如肋骨碎片上有脱落的同类牙齿、一个肩胛骨上有可能的齿痕、巴克所发现的巢穴中的异特龙骨骸。

脑部与感觉

一个针对异特龙脑部的电脑断层扫描，发现它们的脑部与鳄鱼有较多的共同点，而与现代鸟类脑部的共同点较少。前庭器官的结构显示它们的头部保持在几乎水平的位置，而非朝上或朝下。内耳的结构类似鳄鱼，所以异特龙可能容易听到低频的声音，但难以听到细微的声音。异特龙的嗅球大，可能适合感觉气味，但辨别气味的区域相当小。

食肉牛龙

食肉牛龙意为"食肉的像牛的恐龙"。

食肉牛龙是大型肉食性恐龙类群中的成员，生存于1亿至9000万年前的晚白垩纪时期，分布于南美洲。这个类群中包括最厉害的、最著名的恐龙，如霸王龙和异龙。它们有许多相似的地方，比如，巨大而有力的头，剔肉刀一样的锋利牙齿。但是，相对来说发现比较晚的食肉牛龙，头骨比起霸王龙来要低矮一些，而且在它的眼睛上方长有一对角。食肉牛龙有3辆小轿车那么长，可是，和身长比起来，它的前肢就小的可怜了。食肉牛龙那2条长而强壮的后腿使它比其他一些大型食肉恐龙灵敏得多。它可以迅速扑向猎物，在猎物还没反应过来时将它们抓获。食肉牛龙和一辆小轿车一样重，几乎和一头大象一样高，并用两条后腿奔跑。它的长长的脊柱像一根大梁挑起其下面的重量。从肩部排到臀部的长长的肋骨保护并支撑着食肉牛龙的内脏。如果没有尾巴，食肉牛龙绝不会以高速运动。运动时，食肉牛龙用它那长长的、矫健的尾巴保持平衡。这条尾巴可以使食肉牛龙的头向前伸，捕获挣扎的猎物。

蜥脚类恐龙

头骨相对小，鼻孔大且位于头背面，颈部和尾部长，椎体由于气孔状构造发育而变轻，四足行走。为曾经生活在地球上最大的陆生动物。生存于晚三叠世至晚白垩世。全球分布。

板 龙

板龙意为"平板的爬行动物",食植物的板龙是生活在地球上的第一种巨型恐龙。

板龙是生存于2亿年前的古老恐龙,分类上属于古蜥脚亚目(即原蜥脚类),科学家认为它们是蜥脚亚目的雷龙、腕龙、梁龙等恐龙的祖先,外形与雷龙近似,但体格较小,而且前肢矮小,也许有时候可以用后肢站立。从外表看,它像是介于用二足与四足步行的杂食性恐龙,属于初期的草食恐龙,好像也吃肉,但有关这点尚无确切的资料作为证据。

板龙全长约7米,站立时头部高约3.5米,是最早的高大食素性恐龙。头细小,口中有齿,颈长尾长,躯体粗大。后肢粗长。前肢短小,有5个指头,拇指有大爪,爪能自由活动,用利爪赶走敌人,也能抓摘食物。

在板龙出现以前,最大的食草类动物的身材也就像1头猪那样大。而板龙要大得多,它的尺寸有1辆公共汽车那样长。有时候,它用四肢爬行并寻觅地上的植物,但当需要时,它可以靠2只强壮的后腿直立起来,寻找其他可觅食的地方。板龙与在它之前生存的任何一种恐龙都不同,它可以够到最高的树木的树梢。板龙的牙齿和上下颌的结构都不大适合于咀嚼。因此,板龙大概是通过吞下各种石头,让它们储存在胃中,像一台碾磨机那样滚动碾磨,把食物碾碎成糊状。板龙很容易地向后弯曲它的指爪。平时,按在地上像脚趾,但如果它想抓住什么东西的话，它就会弯曲自己的 5 只指爪，向前紧紧地攥成一个拳头。板龙直立行走是不容易的。它灵活的脖子使它过于头重脚轻，不可能总是以两脚着地的姿态行走。而四肢朝地的爬行方式对板龙来说，才更为舒服自然。

有些科学家认为，它们喜欢群体活动，一起在树丛中寻找食物。

身体硕大的板龙，由于体温升高时散热不易，常在旱季缺乏食物时，作集体往海边迁徙的行动，而也因须横越沙漠、忍受酷暑和口渴，所以万一在中途迷路，常会发生集体灭亡的惨事。

鲸　龙

鲸龙是发现得最早的恐龙之一，生存在侏罗纪中晚期。

1841 年，人们以零星发现的牙齿和骨头命名。1870 年，一具不完整的骨骼在英国牛津附近被发现。1979 年在摩洛哥发现的 1 根鲸龙的股骨竟有 2 米长，相当于一个高个子男人的高度。鲸龙在某些方面还很原始：它的背骨是空心的。而后来的蜥脚类恐龙的背骨有了空腔——用来减轻重量。

外　形

鲸龙庞大的身躯靠柱状的四肢支撑着，其前后肢长短差不多，大腿骨约有 2 米长，背部基本保持水平状态。鲸龙的牙齿可能像耙子一样，可以扯下植物的叶子。生物学家目前还未发现完整的鲸龙头骨化石。根据其牙齿化石推测，鲸龙的头部较小。

脊　骨

鲸龙的脊骨几乎是实心的，与后期的腕龙等蜥蜴类恐龙相比显得结实厚重。

而且鲸龙的脊骨在中枢椎体中还存在一些没有用处的部分，其神经脊和椎关节也不如腕龙的那样长和强健。但是其脊骨上有许多海绵状的孔洞，有点类似现代的鲸鱼。

生活形态

鲸龙生活在中生代海滨低地。当时这片海域主要分布在现代的英国。鲸龙的颈部并不灵活，可以在 3 米的弧线范围内左右摇摆。所以，鲸龙只可以低头喝水或是啃食厥类叶片和小型的多叶树木。

梁　龙

梁龙是有史以来陆地上最长的动物之一，比雷龙、腕龙都要长，但是由于头尾很长，身体很短，因此体重并不重。梁龙脖子虽长，但由于颈骨数量少且韧，因此梁龙的脖子并不能像蛇颈龙一般自由弯曲。腕龙、雷龙、梁龙的鼻孔都是长在头顶上的。捕食脖子最长的恐龙是马门溪龙，尾巴最长的恐龙一定就是梁龙了。梁龙全长 27 米，是恐龙世界中的体长冠军。由于背部骨骼较轻，使得它的身躯瘦小，只有十几吨重，体重远不如马门溪龙。它的牙齿只长在嘴的前部，而且很细小，这样它就只能吃些柔嫩多汁的植物了。鞭子似的长尾巴可以帮助它抵御敌害，也可以赶走所到之处的其他小动物。可以想象得出，梁龙在吃食的时候，尾巴在不断抽打的情形。梁龙是个巨大的恐龙，它脖子长 7.8 米，尾巴 13.5 米。尽管梁龙体型巨大，脑袋却是纤细小巧。它的鼻孔长在头顶上。嘴的前部长着扁平的牙齿，嘴的侧面和后部则没有牙齿。它的前腿比后腿短，每只脚上有 5 个脚趾，其中的 1 个脚

趾长着爪子。梁龙成群活动，它们走路非常的慢。

梁龙不做窝，它们一边走路一边生小恐龙，因此恐龙蛋形成一条长长的线。它们不照顾自己的孩子。梁龙的脑袋非常小，所以它不聪明。梁龙是草食动物。吃东西时，它不咀嚼，而是将树叶等食物直接吞下去。一些大型食肉恐龙会捕食梁龙，如果让20位10岁左右的小朋友头脚相接地躺在地上，他们组成的长度基本上同梁龙的体长差不多。梁龙的脖子又细又长，尾巴像鞭子，4条腿像柱子一般。梁龙的后腿比前肢稍长，所以它的臀部高于前肩。从其纤细、小巧的脑袋到其巨大无比的尾巴顶稍，梁龙的身体被一串相互连接的中轴骨骼支撑着，我们称其为脊椎骨。它的脖子是由15块脊椎骨组成，胸部和背部有10块，而细长的尾巴内竟有大约70块！尽管梁龙身体庞大，但它完全可以用脖子和尾巴的力量将自己从地面上支撑起来。梁龙能用它强有力的尾巴来鞭打敌人，迫使进攻者后退；或者用后腿站立，用尾巴支持部分体重，以便能用巨大的前肢来自卫。梁龙前肢内侧脚趾上有一个巨大而弯曲的爪，那可是它锋利的自卫武器。就像人类的鞋后跟一样，梁龙的脚下大概也生有能将其脚趾垫起来的脚掌垫。有了它，梁龙在行走时就不会因为支持沉重的身体而使肌肉感到太吃力。

在恐龙家族中，个子最大的要属梁龙了。它们又高又长，简直就像一幢楼房。按说身躯如此庞大的梁龙，体重也应该不轻，可是实际上它们只有10多吨重，那些比它们个头小许多的恐龙倒往往比它们重上好几倍。那是因为，梁龙的骨头非常特殊，不但骨头里边是空心的，而且还很轻。因此，梁龙这样的庞然大物就不会被自己巨大的身躯压垮啦。

圆 顶 龙

圆顶龙英文名（Camarasaurus）的含义是"带着小房间的爬行动物"。植食性，生活在侏罗纪晚期，体长可达到20米，体重可达20吨，主要分布在北美。

圆顶龙的脑袋小而长，鼻子是扁的。

牙齿长得像勺子一样，当磨损坏了时，它还能长出新的牙来代替原来的旧牙。圆顶龙的腿挺粗，每只脚有 5 个脚趾，中趾长着锋利的爪子。它的前腿比后腿略短一点儿。圆顶龙是群居动物。它们不做窝，而是一边走路一边生小恐龙，生出的恐龙蛋形成一条线。圆顶龙还照看自己的孩子。它们的脑袋很小，所以不太聪明。

圆顶龙是草食动物。吃东西时，它不嚼，而是将叶子整片吞下。它吃蕨类植物的叶子以及松树。圆顶龙有个非常强壮的消化系统，它会吞下砂石来帮助消化胃里其他坚硬的植物。食植物的圆顶龙腿像树干那样粗壮，可以稳稳地支撑起它全身巨大的体重。圆顶龙的脖子比其他蜥脚类恐龙（如腕龙）要短很多。它可能是靠吃树低矮处的枝叶为生，而把树顶部的嫩树叶留给了身材高大的亲戚们。

在圆顶龙短而深的头骨内，包藏着很小的大脑。但它的嗅觉却极为灵敏，这有助于它躲避危险。在它的眼睛前部，长着 2 只巨大的鼻孔，耸在头顶上。圆顶龙的大牙齿长得像凿刀，用来大量地啃断树叶树枝。它每天的绝大部分时间都是在吃，从一个灌木丛挪到另一个灌木丛，因为它庞大的身躯需要许多食物来补充养料。圆顶龙的大脚分担了它的体重。在每只前脚上长着一个长而弯曲的爪。它就是靠着这对长爪砍杀攻击它的敌手，以保护自己。

圆顶龙是腕龙的一个分支，身材虽然比腕龙小很多，但是体格极为粗壮、结实。与前面几种巨型长脖恐龙相比，它的脖子要短得多，尾巴也要短一截，所以显得更加敦实。头骨较大，有浑圆的头顶，吻部短钝。嘴里的牙齿排列得较密。鼻孔长在眼眶的前上方，鼻腔巨大，肯定有良好的嗅觉。脊椎骨空腔，大大减轻了体重。看似笨拙，却能用尾巴帮忙支撑身体，站立起来，采食高处的树叶。

雷 龙

迷惑龙可能是所有恐龙中最受宠的一群，曾经广为人知的名字是雷龙（Bron-tosaurus），今天它失掉这个熟悉的名字，主要因为古生物学家在命名上如此的严谨与吹毛求疵。迷惑龙（Apatosaurus）的得名是因发现一个非常大的恐龙胫骨，令研究者十分迷惑，而于 1977 年命名为 Apatosaurus，原意就是"迷惑"的意思。之后，1883 年另一群研究者发现几个零碎的恐龙骨骼化石，推测这个恐龙体型巨大，行进时可能如雷声隆隆，故取名雷龙（Brontosaurus）。然而根据后续发现的其他化石说明迷惑龙与雷龙是同一种生物。

在 1.4 亿年前的北美洲丛林，午后时分，翼龙和始祖鸟在树上歇着，偶尔扇动几下翅膀，林中时而传来几声昆虫的鸣叫。突然，传来"轰"、"轰"的声音，由远而近，越来越响，好像雷声一样沉重。然而，天上除漂浮的朵朵白云外，一碧如洗，毫无变天的迹象。晴天打雷，岂不是咄咄怪事！原来这不是天上的雷声，而是丛林里走出了一只大型蜥脚类恐龙。因其脚步沉重，声音巨大，每踏下一步，就发出一声"轰"响，好似雷鸣一般，所以古生物学家给这种恐龙取了一个形象的名字，叫做雷龙，意思是"打雷的蜥蜴"。

雷龙体躯庞大，重约 40 吨，体长可达 24 米。四肢粗壮，脚掌宽大，脚趾短粗，前脚上具有 1 个、后脚上具有 3 个发达的爪子。雷龙自发现以后，便"身世"不凡，起初人们把它视作最重的恐龙。尔后，美国一家石油公司耗费巨资，用它的复原形象做广告，使其普及到了家喻户晓的程度。

其实，当初的雷龙复原像并不准确，长脖子的顶端生着圆顶龙似的头骨，这是因研究疏忽大意而失误，错将圆顶龙的头骨装到了雷龙的骨骼上。

后来，经进一步的调查核实，新一代的恐龙专家们终于弄清楚了雷龙头骨的真相。雷龙的头骨与梁龙的头骨相似，较为低长，侧面看上呈三角形，吻端很低，只有 1 个鼻孔，且位于头的顶端；口中的牙齿较少，生在颌骨的前部，牙齿呈棒状，恰似铅笔头。

它们喜欢群体活动，当一大群雷龙从远处走来时，一定是尘土蔽日响声如雷——这就是它名称的由来。这种像肉山一样的大个子，长着一条长脖子和一个很相称的小脑袋。头小身子大的雷龙，一定要花大量的时间来吃东西，而且还很狼吞虎咽。食物从长长的食管一直滑落到胃里，在那儿，这些食物会被它不时吞下的鹅卵石磨碎。雷龙是恐龙中最大的。它们都是食草或树叶的动物。我们在博物馆见到的一些恐龙化石，大多就是这种恐龙。

雷龙及其"姊妹"——梁龙等动物，代表了蜥脚类的另一演化方向，这类动物不仅颈长，而且尾巴更长，尾的末端变细，呈鞭子状。由于它们也是进步的蜥脚类恐龙，脊椎骨上的坑凹构造也相当的发育，就连椎体的内部，都还有孔洞，这是大恐龙适于陆地生活而减轻自重的适应性变化。

鸟脚类恐龙

鸟脚类恐龙出现于侏罗纪早期，一直延续到白垩纪晚期，在地球上生活了一亿多年。由于它们用强壮的后肢奔走，有的地方很像鸟，所以叫鸟脚类。

禽　龙

　　禽龙，属于蜥形纲鸟臀目鸟脚下目的禽龙类。禽龙是种大型草食性动物，身长 9~10 米，高 4~5 米，前手拇指有一尖爪，可能用来抵抗掠食者。它们主要生存于白垩纪早期的凡蓝今阶到巴列姆阶，约 1.4 亿年前到 1.2 亿万年前；生存时代大约位于行动敏捷的棱齿龙类首次出现，演化至鸟脚下目中最繁盛的鸭嘴龙类，这段过程的中间位置。禽龙的化石多数发现于欧洲的比利时、英国、德国，此外也有一些可能是禽龙的化石出土于北美洲、亚洲内蒙古以及北非。

　　禽龙是继斑龙之后，世界上第二种正式命名的恐龙。禽龙的化石在 1822 年首次发现，并在 1825 年由英国地理学家吉迪恩·曼特尔进行新种描述。禽龙、斑龙以及林龙为最初用来定义恐龙总目的 3 个属。禽龙与鸭嘴龙科共同属于禽龙类演化支。

　　对于禽龙的了解，因为新发现的化石而随着时间不断改变。禽龙大量的标本，包括从 2 个著名河床发现的接近完整的骨骸，使得研究人员可提出许多禽龙生活方面的假设，包括进食、运动以及社会行为。禽龙的重建图也随者标本的新发现而改变。

　　禽龙是种体型庞大的草食性恐龙，可采二足或四足方式行进。最著名的种为贝尼萨尔禽龙（I. bernissartensis），平均重达 3.08 吨，成年体的身长约 10 米，有些标本可能长达 13 米。其他种的体型并没有那么大；身体类似粗壮的道氏禽龙身长 8 米，而同时代的菲顿禽龙体格则较为轻型，身长为 6 米。禽龙有高大但狭窄的头颅骨，缺乏牙齿的喙状嘴可能由角质构成，牙齿类似鬣蜥的牙齿，但更大、排列更紧密。

禽龙的手臂长（贝尼萨尔禽龙的前肢大约是后肢的75%长）而粗壮，而手部相当不易弯曲，所以中间3个手指可以承受重量。拇指是圆锥尖状，与中间3根主要的指骨垂直。在早期重建图里，尖状拇指被放置在禽龙的鼻子上。稍晚的化石则透露出拇指尖爪的正确位置，但它们的真实作用仍处于争论中。它们可能用于防御、或者搜索食物。小指呈修长、敏捷的，可能用来操作物体。后腿强壮，但并非用来奔跑，每个脚掌有3个脚趾。骨干与尾巴由骨化肌腱支撑、坚挺（这些棒状骨头经常在模型或绘画中省略）。禽龙与较晚期的近亲鸭嘴龙类，在身体结构上相差不大。

禽龙属大型素食恐龙的统称。化石见于欧洲、北非、亚洲东部广大地区的上侏罗统和下白垩统。身长10米多，头部离地面4米。这种两足行走的动物的后肢很发达，长而粗的尾起平衡作用。前肢也较发达，具异常的前掌，朝上生长硬如尖钉的拇指与掌的其余部分成直角。牙有锯齿状刃口。该属是最早被发现和研究的恐龙。已找到许多完整个体的化石，有些成群被发现，表明它们曾成群行走。有人提出它具有部分水生的习性，当受到威胁时，进入河或湖中避难。

发 现 史

吉迪恩·曼特尔、理查·欧文以及恐龙的发现。

禽龙牙齿与现代鬣蜥的牙齿图解，来自于曼特尔在1825年对于禽龙的研究。禽龙的发现长久以来被视为传奇故事。1822年，吉迪恩·曼特尔（Gideon Mantell）与妻子玛丽·安（Mary Ann）在拜访一个病患者时，玛丽·安在英格兰萨塞克斯郡卡克费耳德村的蒂尔盖特森林的地层中发现了禽龙的牙齿。然而，没有证据可以显示曼特尔带了他妻子一起探访病患者。而且，曼特尔在1851宣称是他自己发现了这些禽龙牙齿。但并非每个人都认为这个故事是假的。不管当初事实的真相如何，曼特尔的确是回到当地寻找更多化石，并请教当时的化石专家这些骨头属于哪些动物。大部分科学家，例如威廉·巴克兰（William Buckland）与乔治·居维叶（Georges Cuvier），认为这些牙齿来自于鱼类或哺乳类。然而，皇家外科医学院的一位博物学家山缪·斯塔奇伯里（Samuel Stutchbury），认为这些牙齿类似鬣蜥的牙齿，尽管体积是鬣蜥牙齿的2倍大小。曼特尔直到1825年才对他

的发现进行描述，并将研究结果与化石交给伦敦皇家学会。

1840 年，在英格兰梅德斯通发现的禽龙化石在确认过这些牙齿与鬣蜥牙齿的相似处后，曼特尔将它们命名为禽龙（Iguanodon）；在希腊文里，iguana 意为"鬣蜥"，odontos 意为"牙齿"。曼特尔基于异速成长理论，而估计这动物的身长接近 12 米。

曼特尔最初是想将它命名为 Iguanasaurus（鬣蜥龙），但他的朋友威廉·丹尼尔·科尼比尔（William Daniel Conybeare）建议这个名字比较适合鬣蜥本身，而 Iguanoides（似鬣蜥）或 Iguanodon（鬣蜥牙齿）是更好的选择。曼特尔当时忘记取种名，所以在 1829 年，弗里德里希·霍尔（Friedrich Holl）将禽龙命名为 I. anglicum，后来修改为安格理克斯禽龙（I. anglicus）。

1834 年，肯特郡梅德斯通发现了一个更好的标本。曼特尔马上便取得了该标本，他从牙齿辨认出它属于禽龙。他犯了一个著名的错误，将一个角状物置于鼻部之上。后来所发现的保存状态更好的标本，透露出该角状物应该为拇指上的尖爪。梅德斯通所发现的标本，现在与岩石一起在伦敦自然史博物馆展示。1949 年，梅德斯通当地为了纪念这个发现，将一只禽龙放在当地的纹章上。这个标本被认为与在 1832 年由克里斯蒂安·埃里希·赫尔曼·冯·迈尔（Christian Erich Hermann von Meyer）所命名的曼氏禽龙（I. mantelli）有关联，汪迈尔命名曼氏禽龙来取代安格理克斯禽龙；但事实上，发现安格理克斯禽龙化石的岩层，与曼氏禽龙所处岩层并不相同。

同时，曼特尔与理查德·欧文（Richard Owen）之间产生了紧张关系，欧文是个著名科学家，有许多更好的发现，并且在英国混乱的改革时代中跟政治界与科学界有良好的社会关系。欧文是个坚定的创造论者，他反对当时引起争论的早期演化理论，并将恐龙作为反击的武器。在一项对于恐龙的研究中，欧文将恐龙的长度估计为超过 61 米，这使得恐龙并非只是巨型蜥蜴，并推演出它们是先进、类似哺乳类的动物；根据那个时代的理解，这些特征是上帝所赋予的，而非从蜥蜴转变为类似哺乳类的动物。

在曼特尔死前不久的 1852 年，他了解到禽龙并非重型、类似厚皮动物的动物，也就是说禽龙的外形并不如同欧文所认为的；但曼特尔的去世让他无法参加水晶宫恐龙雕塑的创造，所以欧文版本的恐龙成为大众所熟知的版本长达数十年。本杰明·沃特豪斯·霍金斯（Benjamin Waterhouse Hawkins）有接近 24 个不同史

前动物的重建雕塑，这些混凝土雕
塑由钢与砖瓦做成骨架；其中有 2
个禽龙雕塑，一个呈四肢站立姿势，
另一个以腹部躺着。在四肢站立姿
势的禽龙完成之前，霍金斯曾邀请
20 个客人在骨架中举办宴会。

最大型的禽龙化石是在 1878 年
发现于比利时贝尼沙特的煤矿坑，
距地表 322 米。在煤矿的管理者阿方斯·布里亚尔（Alphonse Briart）促进之下，
路易·多洛（Louis Dollo）与路易·德波夫（Louis de Pauw）监视这些骨骸的出
土，并重建它们。当地至少有 38 个禽龙个体被挖掘出土，其中大部分为成年个
体。从 1882 年开始，这群化石中的大部分被公开展览到现在；其中 11 个是以站
立姿势展出，而另外 20 个是以它们被挖掘出土时的形态展出。这些禽龙化石是布
鲁塞尔比利时皇家自然科学博物馆的重要展览品。其中一个的复制品在牛津大学
自然历史博物馆展出。这 32 个化石中，大部分被归类于新种贝尼萨尔禽龙（I.
bernissartensis），比英国所发现的禽龙还要大型、粗壮；但其中一个化石，被归类
于不明确、纤细的曼氏禽龙（I. mantelli）。这些禽龙化石是已知的第一群完整恐
龙化石之一。除了这些禽龙之外，另外还发现了植物、鱼类以及其他爬行动物的
化石，包含鳄类的伯尼斯鳄。

架设中的贝尼沙特禽龙骨骸，
化石保存技术才刚起步。而且，骨
头中的黄铁矿会变化成硫酸铁，破
坏这些化石，使它们破碎、粉碎。
当在地表下时，化石保存于湿气中，
可避免变化发生；但一旦接触到干
燥的空气时，化学转化便开始发生。
那些在布鲁塞尔博物馆的工作人员面对这个问题时，可能使用结合酒精、砒霜以
及虫胶的物质来处理。这个综合物质将同时渗透入化石（酒精），消灭所有生物
媒介（砒霜），并使化石坚固（虫胶）。这些综合物质拥有意外的功效，可将湿气
保存在化石中，并延长破坏年限。现代的处理方式已不采用监视化石储藏室的湿

度，而是用聚乙二醇包覆化石，并在真空帮浦中加热，而湿气将立即地被移除，同时细小空间被聚乙二醇填满，可密封并补强化石。

多洛利用这些贝尼沙特标本证明欧文将禽龙形容为厚皮动物，是不正确的。他将这些骨骸以鸸鹋与沙袋鼠的二足姿势架设起来，并将原本放在鼻部的尖刺，重新置于拇指上。然而，多洛并非完全正确，但他当时是面对第一群完整恐龙化石的人，具有资讯与经验上的劣势。多洛的最大问题是他将禽龙尾巴弯曲。禽龙的尾巴因为硬化肌腱的原因，实际上将近笔直，如同这些化石刚出土的状态。如果禽龙的尾巴以类似沙袋鼠或袋鼠的姿势弯曲，它们的尾巴将会断裂。如果禽龙的背部与尾巴是笔直状态，当禽龙行走时，它们的身体将会与地面平行，而手臂则处于随时支撑身体的状态。

贝尼沙特地区的挖掘活动在1881年停止，但当地的化石并没完全挖出土，最近仍发现有挖掘活动。在第一次世界大战期间，当地被德意志帝国所占据，德国古生物学家奥托·耶克尔（Otto Jaekel）来到比利时，准备监督贝尼沙特的重新挖掘活动。在第一个含有化石的地层即将出土时，协约国重新占领了贝尼沙特。该地区的挖掘活动因为财务问题而被阻碍了，并因为1921年的淹水而停止。

到目前为止，全球发现20世纪早期的禽龙研究，因为世界大战与经济大萧条破坏欧洲而减少。在1925年，雷金纳德·胡利（Reginald Hooley）将一个发现于威特岛阿瑟菲尔德村的标本命名为阿瑟菲尔德禽龙（I. atherfieldensis），这个新种引起了许多研究与分类争论。然而在其他洲所发现的化石，使得原本只在欧洲发现的禽龙，开始在全世界被发现；这些化石包含在非洲突尼斯与撒哈拉沙漠某处所发现的牙齿、在蒙古发现的东方禽龙（I. orientalis）以及在北美洲美国犹他州发现的奥廷格禽龙（I. ottingeri）与在南达科他州发现的拉科塔禽龙（I. lakotaensis）。

恐龙文艺复兴开始于1969年对于恐爪龙的物种描述，而禽龙并非恐龙文艺复兴的初期研究之一，不过并没有被忽视太久。大卫·威显穆沛（David B. Weishampel）对于鸟脚下目恐龙进食方法的研究，提供了禽龙进食方式的更多资讯，而大卫·诺曼（David B. Norman）针对禽龙属的多层面研究，使得禽龙成为最广受了解的恐龙之一。此外，在德国北莱茵-威斯特法伦州布里隆镇一个村中发现的众多禽龙骨骸，则提供禽龙是群居动物的证据。这群禽龙包含至少15个个体，身长在2~8米，它们可能是被洪水淹死的；而其中某些个体属于相近的曼特尔龙（当时被认为是禽龙的一种）。

禽龙的化石也用在搜寻恐龙 DNA 等生物分子的研究中。格雷厄姆·恩布里（Graham Embrey）等人对于禽龙的研究是搜寻残余的蛋白质。这个研究在禽龙的一个肋骨中发现了可辨认的典型骨头蛋白质，例如磷蛋白质与蛋白多糖。

进食方式与食性

19 世纪的禽龙绘画，图中的禽龙以树蕨为食。禽龙最先被注意到的特征之一，是它们具有草食性爬行动物的牙齿，但科学家对于它们如何进食，则没有共识。如同曼特尔所注意到的，禽龙并不像任何现存的爬行动物，它们的下颚联合处缺乏牙齿，形状为勺状，他发现禽龙的牙齿最类似二趾树懒与已灭绝的地懒磨齿兽。曼特尔提出禽龙拥有可抓握的舌头，可用来勾取食物，如同长颈鹿。更完整的化石则否定了曼特尔的说法，例如，用来支撑舌头的舌骨很大，显示它们的舌头肌肉发达，可推动嘴部的食物，而不能抓取食物。多洛借由一个断裂的下颚指出禽龙的舌头并非与长颈鹿的相类似。

禽龙的牙齿类似鬣蜥的牙齿，但较大。鸭嘴龙科拥有多排不断替换的牙齿，而禽龙在同一时间只有一副准备替换用的牙齿。上颚骨左右两侧最多各有 29 颗牙齿，前上颚骨则没有牙齿，齿骨左右两侧则各有 25 颗牙齿；上下颚牙齿数量不一致的原因，是因为下颚的牙齿较宽。因为这些牙齿位于颚部外侧，以及其他的生理特征，禽龙被认为具有某种颊囊，可能由肌肉所构成，可以将食物置于两颊咀嚼，如同大部分其他鸟臀目恐龙。

当禽龙的嘴部闭合时，上下颚的颊齿表面会互相磨合，可磨碎中间的食物，形成类似哺乳类的咀嚼动作。因为禽龙的牙齿是不断替换的，所以它们能够终生以坚硬的植物为食。另外，禽龙上下颚的前端缺乏牙齿，形成钝状的边缘，可能覆盖着角质，可以咬断树枝。禽龙的小指纤细而灵活，可协助勾取食物。

目前仍不清楚禽龙平常以何种植物为食。较大的可能以离地面 4.5 米以内的树叶为食，例如贝尼萨尔禽龙。大卫·诺曼认为禽龙可能以木贼、苏铁以及针叶树为食，一般认为，白垩纪开花植物的出现与禽龙类有关，导因于这些恐龙以低高度植被为食。根据假设，由于禽龙类以裸子植物为食，使得类似草的早期被子植物有空间成长，但目前还没有证据可以证明。无论禽龙以何种植物为食，根据

它们的体型与繁盛，它们应该占据着体型中到大型草食性动物的生态位。禽龙在英格兰与以下恐龙共同生存：小型掠食者极鳄龙、大型掠食者始暴龙、重爪龙、新猎龙、小型草食性恐龙棱齿龙与荒漠龙、禽龙科的曼特尔龙、甲龙类的多刺甲龙以及蜥脚下目的畸形龙。

姿态与移动方式

曼特尔根据英格兰梅德斯通的化石所绘制的禽龙重建图。早期的禽龙化石很破碎，使得科学家们对于禽龙的步态产生不同的看法。禽龙最初被描述成鼻上有角的四足动物。随着更多的化石被发现，曼特尔发现禽龙的前肢远短于后肢。他的对手理查德·欧文，则认为禽龙是种具有柱状四肢的矮胖动物。恐龙的第一个原始比例重建工作被托付给曼特尔，但他因为健康不佳的原因而拒绝了，这些禽龙雕塑后来以欧文的版本作为原型。

在贝尼沙特发现了大量禽龙化石后，科学家们发现禽龙是种二足动物。但禽龙在当时被塑造成笔直站立的步态，尾巴拖曳在地面上，充当三脚架的第三支点。

大卫·诺曼后来重新检视禽龙化石，他认为禽龙不可能采取笔直站立的步态，因为它们的尾巴拥有硬化的肌腱。如果采取三脚架，禽龙的硬挺尾巴将会断裂。若禽龙采取水平的姿势，则更能理解它们的手臂与肩带的特征。例如，禽龙的手部相当不灵活，中间三指聚集、靠拢，上有蹄状指爪。这种手部结构能够承受更多的重量。禽龙的腕部相当不灵活，手臂与肩膀骨头结实。这些特征使得禽龙较常采取四足步态。

随着禽龙的年龄增长，以及体重的增加，它们将更常采取四足步态；幼年贝尼萨尔禽龙的手臂较成年体的短，约是后肢长度的60%，成年个体的前肢长度则为后肢的70%。根据禽龙类的足迹化石，以及禽龙的手部、手臂结构，可推论禽龙采取四足步态时，中间3根蹄状手指可支撑重量。禽龙的后脚掌相当长，上有3

根脚趾，它们会采取趾行动物的方式，使用手指与趾爪来行走。禽龙以二足奔跑的最高速度估计为每小时 24 千米，但它们无法使用四足步态快速地奔跑。

在英格兰的早白垩纪地层发现许多大型三趾足迹，尤其是在威特岛的维耳德，这些足迹化石当初很难叙述、解释。有些早期的研究人员认为它们与恐龙有关系。1846 年，爱德华·泰戈特（Edward Tagart）将这些足迹化石归类于生迹分类单元中的禽龙痕迹属；而塞缪尔·比克尔斯（Samuel Beckles）则在 1854 年发现这些足迹类似鸟类的足迹，但可能来自于恐龙。1857 年，一个年轻禽龙的后肢被发现，足部拥有 3 根脚趾，显示这些足迹可能来自于禽龙。尽管缺乏直接证据，这些足迹化石常被归类于禽龙。在英格兰的一个足迹化石显示禽龙可能以四足方式行进，但足迹本身保存状态不佳，因此很难作为直接证据。被归类于禽龙痕迹属的足迹化石，位于欧洲挪威的卑尔根群岛与司瓦尔巴特群岛，皆为发现禽龙化石的地方。

拇指尖爪

最早发现的禽龙拇趾尖爪是在 1840 年发现于德国美斯顿拇指的尖爪，禽龙最著名的特征之一。虽然曼特尔最初将拇指尖爪放置在禽龙的鼻部上，但道罗根据在贝尼沙特发现的完整标本，将拇指尖爪放置于手部的正确位置上。但自从 20 世纪 80 年代以来，仍有许多恐龙的大型拇指尖爪被错置在足部，类似驰龙科，例如西北阿根廷龙、拜伦龙以及大盗龙。

禽龙的拇指尖的爪被认为是种对付掠食者的近身武器，类似短剑，但也可能用来挖开水果与种子，甚至用来与其他禽龙打斗。一位科学家认为这个拇指尖爪连接着毒腺，但这种观点并没有被接受，因为尖爪的内部并非中空，表层也没有沟槽可使毒液流动。

可能的社会行为

贝尼沙特的大量禽龙化石，有时被认为是因为单一的灾害而造成的，现在则被认为是多种原因而造成的。根据群体生活的说法，该地至少保存了 3 种死亡方式，而大量的个体在很短的地质时间内（10～100 年），但这并不代表禽龙是种群居动物。贝尼沙特的幼年禽龙化石非常普遍，不同于现代群体动物的死亡模式。

可能是周期性的洪水将大量的尸体冲积到湖泊或沼泽中。

德国 Nehden 镇的禽龙化石，则具有较大的年龄范围，甚至是曼特尔龙与贝尼萨尔禽龙的 6 倍；根据地理特性，显示可能有群居动物曾迁徙经过河边。

不像其他被假设的群居动物，例如鸭嘴龙类与角龙科，没有证据显示禽龙为两性异形动物。过去一度有论点认为贝尼沙特的曼氏禽龙或阿瑟菲尔德禽龙（目前都为曼特尔龙）代表禽龙的某种性别，可能是雌性，而较大、较结实的贝尼萨尔禽龙，则可能为雄性。然而，这个理论没有得到任何支持。

木 他 龙

木他龙是一种白垩纪早期的鸟脚龙类，是在澳大利亚昆士兰省莫他布拉镇的岩层中被发现的。木他龙和禽龙十分相似，都是大型的草食性、四足恐龙，并可用后肢支撑站立。像禽龙一样，木他龙中间的 3 个指头融合在一起而成蹄状，拇指上则有明显的爪。它还有一个加大的、中空的会向上鼓起的口鼻部，用来发出声音及求偶炫耀。

说起澳洲最重要的恐龙品种就必定要数到木他龙了，它和在北美洲称霸的禽龙是两种很相似的恐龙。木他龙属于鸟臀目中的禽龙类，和鸭嘴龙也是相近的种类。而它正是由澳洲内陆的牧场主人德兰顿于 40 多年前发现的。

澳洲内陆的兰顿牧场主人德兰顿在这里已经耕作了 40 多年，他的一万亩农地分布在平原和矮树丛中。他的农地位于昆士兰中心地区的木他巴拉镇附近。每天他都会纵横自己的农地检查牲畜的。不过，1963 年的一日，他照常工作，完全没有预料到一个意外的惊喜。当他准备走到下面，将走散的牛赶回河边，在布满石头的岩石表面上骑着马，当他向后望的时候，他留意到石里面有些东西——而且是不寻常的东西。他最初以为是死掉的牛的骨头，但在近距离观察之后，他有新的想法。无论是什么动物，这个应该是脊椎的一部分。当然那时候的他根本不知道那是什么，但骨的形 状很一致，也很巨型。估计是类似公牛动物的骨，他拿了几块放进了挂袋带回家，然后送到博物馆鉴定。布里斯本的昆士兰博物馆随即宣布德兰顿不仅找到了几乎完整的恐龙骸骨，并且是新的品种。想到找到了澳洲甚至世界上独一无二的恐龙，想到以他家乡木他巴拉镇及他自己名字，于是，兰顿把这种新品种命名为"木他龙兰当尼"，他感到非常荣幸和兴奋。木他龙是吃植物的，拇指止有匕首般的尖物以作自卫，它用 4 只脚来行走，不过亦可以后脚站立吃生长得比较高的树叶。生长在下巴的牙齿，有削断植物的特殊功用。它的头颅骨上有空位，表示它们有沟通的能力。它们的声音相信是非常低沉的。凭着这些发现，考古学家就可以重新建立木他龙生存时期的澳洲。

1.2 亿年前，远处的低沉声破坏了早晨的宁静。一群木他龙正慢慢地移动，寻找沿途的食物。中空的部位加强叫声，警告整个恐龙群体贴近的危险。木他龙的食量非常惊人，它们的体重有 4.5 吨，每天要进食 500 千克的食物。在一亿多年之前，澳洲比现时更加接近南极，气候也寒冷得多，冬天的时候一整群木他龙要适应和生存，的确需要奇迹。以往的澳洲就比较像今天的南极圈外围，冬天的时候整天没有太阳，大地一片黑暗。大部分的植物不是掉光了树叶，就是进入冬眠状态。木他龙在极少甚至没有食物的情况之下，如何能够在极地生存？仍然是奥秘。不过，在 4500 千米以外的一个发现，显示另外一种跟木他龙相似的中型草食恐龙——鸭嘴龙曾在今天的南极洲生活，而且其适应严寒的理论也适用于类似的木他龙。

1998 年阿根廷和美国的考古队到这里，发现在 1 亿 2 千万年前，这里没有冰雪，由针叶树林蕨类植物的森林所覆盖。地面有厚厚的苔藓和植物。如今，一万英尺（1 英尺＝0.3048 米）的冰雪吞没了 1.2 亿年前的森林。考古队在这里找到了一个重要的发现，一颗完全属于鸭嘴龙的牙齿。众所周知，鸭嘴龙是白垩纪时期北美洲最常见的草食恐龙。这个发现意味着鸭嘴龙迁徙数千千米至南方，当南极变得非常寒冷，它们向唯一可以生存的地方，阿根廷的温带草原前进。不过，它们将会面对一大难关——分隔南极洲和南美洲有 300 千米阔的海洋。但是，专家认为海洋并不一定是障碍，既然没有旱地，就必定有靠近的陆地。让动物经由一连串的岛或岛弧。从一个岛屿游泳往另一个岛屿，最终抵达南美洲大陆。现在，不少专家相信木他龙也是通过相同的方法，定期地迁徙，避开澳洲和南极永无止境的黑暗寒夜。

豪 勇 龙

　　豪勇龙，意思是勇敢的爬行动物，是原始的鸭嘴龙类恐龙，过去被归在非鸭嘴龙类禽龙类里，它们生活在早白垩纪的尼日尔，体长可达 7 米，是中型的食草恐龙。豪勇龙的帆状物很发达，从背部开始一直延伸到尾部，左右是适应当时非洲变化无常的气候。

　　豪勇龙和著名的帝鳄生活在一起，估计是帝鳄的猎物。

　　豪勇龙生存的时候，夜间寒冷，白天则又干又热。它的"帆"大概可以帮助它保持体温的稳定。经过寒冷的夜晚，它会在早晨美美地晒太阳，"帆"上皮肤内的血液在阳光下，就像一块太阳能聚热板。到中午的时候，"帆"又起到散热板的作用。

豪勇龙有 2 辆小轿车那么长，像今天的大袋鼠和小袋鼠一样，它可以用 2 条腿或 4 条腿走路。它的后肢强壮有力，可以支撑体重。当它需要休息时，它能向前倾斜而用四肢着地，很容易用它蹄状的爪子来保持身体的平衡。豪勇龙的每只手上都有一个长拇指钉。当它在蕨类植物的枝叶中觅食的时候，肉食恐龙也许在埋伏等待。豪勇龙不是最机灵敏捷的动物，所以它的拇指钉就是最有用的武器。它能刺伤进攻者，使用这种拇指钉就像使用匕首一样。

腱　龙

　　腱龙是一种又大又笨的恐龙，长着一条长长的特别粗的尾巴，它是食草动物。尽管它能用具爪的脚踢打对方或把尾巴当做鞭子去打敌人，但是它还是无法和像恐爪龙这样凶猛而动作迅速的食肉恐龙相比。由于目前只发现到它的前肢化石，因此对于这种恐龙的各项细节仍然不是很清楚，据科学家的研究认为腱龙应该是一种温顺的草食恐龙。它生活在白垩纪早期的北美洲。

　　腱龙发现于北美洲西部的白垩纪早期到中期（阿普第阶到阿尔比阶）沉积物，约为 1.25 亿年前到 1.05 亿年前。它们身长 6.5～8 米，身高 2.2 米，重达 1～2 吨。它们的尾巴比其他同类的尾巴还长，它们大部分时间以四足行走。

　　2008 年，在一个腱龙标本的股骨与胫骨上发现了髓质组织。髓质组织是种只存在于鸟类身上的组织，是钙质的来源，可在产卵期制造蛋壳。

　　该只腱龙死亡时只有 8 岁，尚未达到成年，这点如同暴龙、异特龙等已发现髓质组织的化石。由于这三者在很早期就已分开演化，这显示恐龙普遍具有髓质组织，而且在到达完全成长前，便以达到性成熟。

副 栀 龙

　　Parasaurolophus，意为"几乎有冠饰的蜥蜴"。又名副龙栀龙，是鸭嘴龙科的一属，生存于晚白垩纪的北美洲，7600万~7300万年前。副栀龙是种草食性恐龙，可以二足或四足方式行走。副栀龙最先被认为与栀龙（有冠饰的蜥蜴）是近亲。目前已有3个被承认种：模式种沃克氏副栀龙（P. walkeri）、小号手副栀龙（P. tubicen）以及短冠饰的短冠副栀龙（P. cyrtocristatus）。

　　副栀龙的首次叙述是在1922年，由威廉·帕克斯（William Parks）在埃布尔达省发现的一个头颅骨与部分骨骸。副栀龙为罕见的鸭嘴龙类，目前已知少数良好标本，化石发现于加拿大埃布尔达省、美国的新墨西哥州与犹他州。副栀龙因它们的头盖骨上大型、修长的冠饰著名，冠饰往头后方弯曲。副栀龙的最亲近物种应是最近在中国新发现的卡戎龙，两者的颅骨类似，可能具有相似的冠饰。

　　这种结构引起许多科学文献的讨论；现在对于该冠饰主要功能的意见包括：辨别性别与物种、共鸣器以及调节体温。

沃克氏副栀龙与人类的体型相比

　　副栀龙只发现过部分骨骸。沃克氏副栀龙的模式标本身长9.5米，头颅骨与冠饰长1.6米。小号手副栀龙模式标本的头颅骨与冠饰超过2米，显示它们比沃克氏副栀龙大。副栀龙重达2.5吨。从目前唯一发现的前肢显示，它们的前肢比其他鸭嘴龙科恐龙的前肢短，并拥有短而宽的肩胛骨。而股骨结实，沃克氏副栀龙模式标本的股骨长达103米。副栀龙上臂与骨盆都很粗壮。

　　如同其他鸭嘴龙类，副栀龙是二足恐龙，但可以转换成四足行走。副栀龙可能在寻找食物时采用四足方式，而在奔跑时采用二足方式。副栀龙脊椎上的神经棘高大，这特征常见于赖氏龙亚科恐龙，这特征增加背部高度，超过臀部的高度。

已发现沃克氏副栉龙的皮肤痕迹，显示皮肤上有瘤状鳞片。

副栉龙最著名的特征是头顶上的冠饰，由前上颚骨与鼻骨所构成，从头部后方延伸出去。在沃克氏副栉龙模式标本的脊椎上，一个可能是冠饰接触到背部的地方，神经棘上有个凹口，但这可能是该个体的病理。替副栉龙命名的威廉·帕克斯（William Parks）假设，从冠饰到脊椎凹口有个韧带用来支撑头部，但这似乎不太可能。在许多重建模型里，冠饰到颈部则是有块皮膜。

副栉龙的冠饰是中空的，内部有从鼻孔到冠饰尾端，再绕回头后方，直到头颅内部的管。沃克氏副栉龙的管最简单，而小号手副栉龙的管最复杂，有些管是不通的，而其他管是交叉、分开的。沃克氏副栉龙、小号手副栉龙的冠饰较长、微弯，而短冠副栉龙的冠饰较短。

沃克氏副栉龙以及鳞片细节

副栉龙的模式标本（编号 ROM708）包含一个头颅骨与部分骨骸，缺少膝盖以下的后肢与大部分的尾巴。该标本是在 1920 年，由一个多伦多大学的野外队伍在加拿大埃布尔达省红鹿河畔的桑德河附近所发现。这个标本的发现地点目前为恐龙公园组，年代为上白垩纪的坎潘阶，而该化石被威廉·帕克斯命名为沃克氏副栉龙（P. walkeri），以皇家安大略博物馆的董事会主席 Byron Edmund Walker 爵士为名。尽管在埃布尔达省发现了副栉龙的第一个标本，但它们的化石在该省仍然少见。除了模式标本以外，在恐龙公园组另外发现了一个颅骨以及 3 个缺少颅骨的标本，可能属于副栉龙。但在南方的新墨西哥州与犹他州，副栉龙是最常见的化石。

1921 年，大约是埃布尔达省的化石被发现、命名的同时，查尔斯·斯腾伯格（Charles Hazelius Sternberg）在新墨西哥州圣胡安县的基特兰德组发现了一个部分头颅骨，该地层较恐龙公园组年轻。这个化石被送到瑞典乌普萨拉，卡尔·维曼（Carl Wiman）在 1931 年将它们叙述成第二个种，小号手副栉龙（P. tubicen）。种

名 tubicen 衍化自拉丁语中的吹鼓手。2 小号手副栉龙的第二个接近完整头颅骨（编号 NMMNH P-25100）是在 1995 年于新墨西哥州发现。在 1999 年，罗伯特·苏利文（Robert Sullivan）与托马斯·威廉森（Thomas Williamson）使用计算机断层扫描来检验这个头颅骨，并在一个专题论文上讨论小号手副栉龙的生理结构、分类，以及冠饰的功能。托马斯·威廉森稍晚提出了一个独立的研究，提出不同的分类结论。

沃克氏副栉龙头颅骨

1961 年，约翰·奥斯特伦姆（John Ostrom）叙述了另一个保存良好标本，并命名为短冠副栉龙（P. cyrtocristatus）。这个标本包含一个部分头颅骨，上有圆、短冠饰，以及头颅后的大部分骨骸，除了足部、颈部、以及部分尾巴以外，该标本目前位于菲尔德自然历史博物馆。短冠副栉龙的种名 cyrtocristatus 在拉丁语中意为"变短的冠饰"。短冠副栉龙被发现于 Fruitland 组顶层，以及其上的 Kirtland 组底层。

1979 年，戴维·威显穆沛（David B. Weishampel）与詹姆斯·约翰逊（James A. Jensen）在犹他州加菲尔德县的凯帕罗维茨组发现了一个副栉龙的部分头颅骨，该地层年代为坎潘阶。这个头颅骨与另一个犹他州所发现的头颅骨，就冠饰的形态属于短冠副栉龙。

沃克氏副栉龙的化石发现于恐龙公园组，该地层有许多保存良好且多样性的史前动物群化石，包含许多著名的恐龙，如角龙科的尖角龙、戟龙、开角龙，鸭嘴龙类的原栉龙、格里芬龙、冠龙、赖氏龙，暴龙科的蛇发女怪龙，以及甲龙科的埃德蒙顿甲龙、包头龙。副栉龙在该动物群中很少见。恐龙公园组被认为是河流与泛滥平原之间的低地，随着时间推移，西部内陆海道越往西方海侵，而恐龙公园组变得更类似沼泽、更受到海洋环境的影响。该地的气候比今日的埃布尔达省更为温暖、无霜，但有更明显的干、湿季节变化。针叶树明显的是该地区的优势、顶层植物，而底层植物则由蕨类、树蕨以及被子植物所构成。

而发现于新墨西哥州的小号手副栉龙与短冠副栉龙，则是与以下恐龙共同生存着：大型的蜥脚类阿拉莫龙、鸭嘴龙类的小贵族龙、角龙类的五角龙、甲龙类的结节头龙、蜥鸟盗龙以及一种尚未命名的暴龙科恐龙。Kirtland 地层被认为是河流泛滥平原，应为西部内陆海道的海降痕迹。该地的优势植物也是针叶树，而角龙亚科比鸭嘴龙科更为常见。

进　食

如同其他鸭嘴龙科恐龙，副栉龙是种大型、草食性恐龙，可采二足或四足方式行走，复杂的头颅骨容许类似咀嚼的磨碎运动。副栉龙的牙齿是不断地生长、取代，它们有数百颗牙齿，只有少量牙齿是一直在使用的。副栉龙使用它们的喙状嘴来切割植物，并送入颚部两旁的颊部。它们的进食范围约为离地面 4 米以上的范围。罗伯特·巴克（Robert Bakker）提出，赖氏龙亚科的喙状嘴比鸭嘴龙亚科的狭窄，显示副栉龙与它的近亲进食时，比宽广嘴部、缺乏冠饰的鸭嘴龙亚科还更具选择性。

冠　饰

关于副栉龙冠饰的功能有许多假设，但许多是不足采信的。现在认为冠饰有数种功能：辨别物种与性别的视觉展示物、沟通用的扬声器以及调节体温。目前不确定在冠饰与内部鼻管的演化过程中，哪种功能是最重要的。

不同种、年龄阶段的差异

当提到赖氏龙亚科时，一般认为副栉龙的冠饰随着年龄而改变，并是成年个体的两性异形特征。詹姆斯·霍普森（James Hopson）是最早叙述赖氏龙亚科的冠饰并加以区分的研究人员之一，他提出有小型冠饰的短冠副栉龙，是小号手副栉龙的雌性个体。托马斯·威廉森则认为短冠副栉龙是小号手副栉龙的未成年个体。两个假设都不被广泛接受。因为目前仅发现 6 个头颅骨，若发现新的化石，将有助于确定这些种彼此间的关系。托马斯·威廉森提出，无论如何，未成年的副栉龙可能有小、圆形的冠饰，类似短冠副栉龙的冠饰，而冠饰在接近成熟年龄时可能加快成长速度。根据近期的一个研究，一个原先被归类于赖氏龙的幼年颅骨，目前被改归类为副栉龙，从此标本可知幼年副栉龙具有较小的冠饰。该冠饰由额骨延伸、支撑，与成年个体的冠饰形状相似，但较小。这个颅骨标本也显示副栉龙的冠饰成长模式，与冠龙、亚冠龙、赖氏龙……支系的冠饰成长模式并不一样；部分原因是这3个赖氏龙亚科的冠饰中央有冠脊，而副栉龙则是长棒状冠饰。

发声功能

然而，冠饰的外形与内部的复杂管道并未相符合，显示这些内部空间拥有其他的功能。卡尔·维曼（Carl Wiman）在1931年提出这些管道可发出听觉信号，如同克朗号，而詹姆斯·霍普森与戴维·威显穆沛则在20世纪70年代与80年代分别重申这个理论。霍普森发现有证据显示鸭嘴龙科拥有良好的听觉；在副栉龙的近亲冠龙身上发现了一个修长的镫骨，有大型空间容纳耳槌，显示它们有敏感的中耳；而鸭嘴龙科的听壶如鳄鱼般修长，显示它们拥有发展良好的内耳。威显穆沛则认为沃克氏副栉龙能够制造48~240赫兹的音频，而短冠副栉龙则可以制造75~375赫兹的音频。他根据鸭嘴龙科与鳄鱼的相似内耳，提出成年鸭嘴龙科恐龙队高音频较为敏感，例如幼年鸭嘴龙类所发出的声音。根据威显穆沛的说法，这与成体及幼体之间的沟通吻合。

计算机仿真显示小号手副栉龙的内部管道比沃克氏副栉龙的还复杂，可使计算机重建出冠饰所发出的可能声音。主要的管道可发出约30赫兹的音频，但复杂的鼻窦结构则可控制声音的高峰与低峰。

冷却功能

冠饰的大型表面与血管也显示它们具有体温调节功能。P. E. Wheeler在1978年首次提出这些冠饰是用来冷却脑部温度的。Teresa Maryańska与Osmólska也提出体温调节的理论，并由罗伯特·苏利文与托马斯·威廉森做出进一步的研究。在2006年，戴维·埃文斯（David Evans）对于赖氏龙亚科的研究，也偏向冷却功能，至少是冠饰演化的原始因素。

棘鼻青岛龙

棘鼻青岛龙（Tsintaosaurus spinorhinus）是鸟脚类恐龙中鸭嘴龙科（Hadrosauridae）、青岛龙属（Tsintaosaurus）的一个种，植食性。

棘鼻青岛龙是我国发现的最著名的有顶饰的鸭嘴龙化石，也是我国首次发现的完整的恐龙化石。由于它是在青岛附近的莱阳市金刚口村西沟发现的，头上又有棘鼻状的顶饰，所以以此得名。

棘鼻青岛龙化石所处的地层的时代为白垩纪晚期。它的身长为 6.62 米，身高 4.9 米，坐骨末端呈足状扩大，肠骨上部隆起，在荐椎腹侧中间有明显的直棱，后面成沟状，顶饰实际上是在相当靠后的鼻骨上长着的一条带棱的棒状棘，很像独角兽的角，从两眼之间直直地向前伸出，估计它活着时体重为 6～7 吨，但脑子很小，仅有 200～300 克重。

棘鼻青岛龙外貌与"标准"鸭嘴龙似无多大区别，只是头顶上多了一只细长的角，样子就像独角兽一样。有人说这只角应向前倾斜，也有人说应向后倾斜，还有人说根本就不存在这只角。至于对这只角的作用，更是众说纷纭，它既不像武器，也不像其他冠顶鸭嘴龙那样能扩大它自己的叫声。那么，就是一种装饰品啦。

棘鼻青岛龙这具举世闻名的鸭嘴龙是根据几近完整的骨架，总长约 6.6 米，而命名的。它最特征处在于头颅前方有一个长而中空的管棘垂直矗立。这个长棘除了一些推断的功能（如，中央神经系统冷却功能）以外，可能是用来抵抗侵略的装备。然而 Taquet 曾经指出这个管棘或许是一个移位了的（或者复原过程错误

摆置的）鼻骨，被误放在头骨的前方垂直立起的位置。若果真如此，那么青岛龙可能就属于 1 只扁平头颅的鸭嘴龙类了。

短 冠 龙

　　短冠龙（学名 Brachylophosaurus）是鸭嘴龙科的一属中型恐龙。它的化石有几组骨骼，是在美国蒙大拿州及加拿大艾伯塔省的骨床中发现的，估计是约于 7500 万年前。短冠龙最特别的是它的骨冠，这个骨冠在头颅骨上形成一个平板。一些学者指这是用来推撞的，但是可能没有足够的硬度。而短冠龙另一特征是那比较长的前肢。

　　短冠龙首先由查尔斯·斯腾伯格（Charles M. Sternberg）于 1953 年所描述，是从加拿大艾伯塔省老人地层发现的一个头颅骨及部分骨骼，当时被看做为属于格里芬龙（或是当时称为小贵族龙）。

　　杰克·霍纳（Jack Horner）于 1988 年从美国蒙大拿州的朱迪斯河组描述了第二个物种，称为优短冠龙（B. goodwini），但随后的研究指它根本没有足够的差异来作为第二个物种。

1994 年，业余古生物学家奈特·墨菲（Nate Murphy）发现了一个完整无瑕的短冠龙头颅骨，他称之为"Elvis"。2000 年，他发现了一副完全连接的未成年短冠龙骨骼，并且部分被木乃伊化，称为"Leonardo"。

这是最壮观的恐龙骨骼发现之一，并且被列入在金氏世界纪录大全之中。他随后更发掘出一副差不多完整称为"Roberta"的骨骼，及部分保存且有着皮肤轮廓称为"Peanut"的幼龙骨骼。

兰 伯 龙

这种以植物为食的恐龙皮肤上有卵石状花纹，上面的鳞片镶嵌在一起组成有规则的图案。兰氏龙通常以 4 条腿走路，但当受到惊吓时，它可以用 2 条强壮的后腿奔跑。它依赖它那锐利的眼光和灵敏的听觉，注意着危险的来临。兰氏龙头上长有一个像连指手套形状的顶饰，其中有一个钉状骨棒可以看成是大拇指。雄性的顶饰要大些，这也许就是鉴别雌雄的一种标志。有些科学家认为，这个顶饰是恐龙潜水时的通气管。更大的可能是兰氏龙用它们发出声音。有一个科学家发现：当气流通过一只相似的恐龙的顶饰时，顶饰发出了像中世纪号角那样的声音。

因此，兰氏龙可能也有它们自己的呼叫声。

兰伯龙有一个 2 米长的巨大头骨，口中长有上百颗小而尖的牙齿，用来嚼碎松针、嫩枝和松果。老的牙齿被磨损掉之后，新牙齿又长出来补充。兰伯龙也属于鸭嘴龙的一种，而且可能是最大的一种，体长达十多米，几乎和霸王龙一样巨大，但却是温顺的草食恐龙。

兰伯龙是带顶饰的鸭嘴龙。与其他同类一样，指和趾端都生有大小不同的蹄，既能四脚落地，也能两腿行走。它的顶饰分为 2 部分：前部有一个长方形是冠状物，后部有一只短角，连在一起很像一顶济公戴的帽子。它以植物为食，吃饱以后会去水塘边喝水，说不定还会在水里泡上一阵，就像今天的水牛一样。

盐 都 龙

盐都龙（Yandusaurus）是鸟脚亚目（Ornithopoda），棱齿龙科（Hypsilophodontidae）的一个属。杂食性，生活在中生代的侏罗纪早期。化石发现于中国四川。

盐都龙是一类个体小型的比较原始的鸟脚类恐龙，体长 1～3 米，因标本首先发现于我国的"千年盐都"——四川省自贡市而得名。它的头小，但短而高；嘴巴也短；牙齿齿冠边缘有锯齿；眼睛大而圆。前肢长度不及后肢的 1/2，是典型的两足行走动物；后肢肌肉发达，小腿特别长。

研究动物运动的专家发现，动物的小腿骨（胫骨）与大腿骨（股骨）的长度比值可以反映该种动物的运动速度。比如，善于负重，行走不快的大象，其比值为 0.60；比赛用的骏马奔跑速度很快，其比值达到 0.92；今天动物界的快跑能手——羚羊，比值是 1.25。这项研究成果说明，动物的胫、股比值大，即胫骨较长，其运动速度就较快。把这个理论用于研究盐都龙，发现盐都龙的胫、股比值达到 1.18，所以认为盐都龙是一类极善奔跑的恐龙，其奔跑速度甚至超过了今天的鸵鸟，堪称恐龙家族中的"羚羊"。

盐都龙（Yandusaurus）主要为多齿盐都龙（Y. multidens）和鸿鹤盐都龙（Y. hongheensis）两种。

多齿盐都龙是一类奔跑灵活、两足行走的小型鸟脚类恐龙，体长 1.4~1.2 米。其头小，吻短，眼眶大而圆，与相近种相比，上下颌牙齿较多，前肢短小，后肢细长，生活在灌木丛中，是一类善于快跑的杂食性恐龙。

鸿鹤盐都龙是鸟脚类恐龙。体长近 3.5 米，头小，嘴短，眼睛大而圆，前肢短小，仅为后肢的一半，属于两脚行走和善于快跑的小型恐龙。常群居生活于湖岸平原，以食植物为主，兼食其他小动物。

小 头 龙

该标本在 2000 年由阿根廷自然科学博物馆的奥尼拉斯·诺瓦（fernando novas）等人发现。小头龙最特殊的特征，是胸部两侧长有碟状骨（platelike）构造的事。这样的特征过去只在奇异龙（thescelosaurus）上发现过，它们同属棱齿龙科。而现生的鸟类和鳄鱼也有这个构造。这可能是为了使小头龙的肋间肌肉能够参与胸部的呼吸运动，就像鸟那样。小头龙胸部的碟状骨非常脆弱，不足以像甲龙身披的铠甲那样保护它免受攻击。此外，2 个碟状物是相互交叠的，而现代的鸟类的类似结构已经进化得不再交叠。另外的专家里奇则认为这两个盘状物是为了在奔跑时保护恐龙的内脏的。"鸟类身上的类似物使鸟的内脏稳定，不致在飞行时受到挤压。恐龙的情况也可能是类似的，用来在奔跑、运动时使胸腔稳定，保护内脏。"而美国华盛顿自然历史博物馆的休则认为恐龙身上的碟状骨的功能还不能确定，因为鸟身上的类似结构已经是钩状的了，它们的功能不可能是一样的。

小头龙生活在 7000 万年前的南美洲南端，2000 年，在阿根廷巴塔哥尼亚地区的别德马湖岸发现了小头龙的部分骨骼。本次发现的部分骨骼化石和上次发现的特征是一致的，可以证明是同一个恐龙的化石。

小头龙是已知的白垩纪生活在南美地区的少数几种植食恐龙之一。新发现表

明了南部大陆食草鸟臀目恐龙的多样性。发现小头龙的地方，存在大量的常绿树木的遗迹，这说明它经常漫步在森林里。

弯 龙

弯龙（学名 Camptosaurus）意为"可弯曲的蜥蜴"，是一属草食性、有喙状嘴的恐龙，生活于晚侏罗纪至下白垩纪的北美洲与英国。由于当弯龙以四足站立时，它的身体形成一个拱形，故取此名。

发现及物种

1879 年，奥塞内尔·查利斯·马什（Othniel Charles Marsh）原先命名弯龙为Camptonotus（意为"可弯曲的背"），但因此名已被一种蟋蟀所有，故于 1885 年才更名为弯龙（Camptosaurus）。

1879 年，马什从怀俄明州近科摩崖的 13 号矿场中所得的化石，命名了模式种的全异弯龙（C. dispar）及 C. amplus。

在 18 世纪 80 年代到 19 世纪 90 年代，他继续从 13 号矿场得到了标本，并命名了另外 2 个物种：C. medius 及侏儒弯龙（C. nanus）。

查尔斯·怀特尼·吉尔摩尔（Charles W. Gilmore）在 1909 年重新描述马什的化石时，再额外地命名了 2 个物种，称为布朗氏弯龙（C. browni）及扁平弯龙（C. depressus）。

1980 年，彼得·加尔东（Peter Galton）及 H. P. Powell 在重新描述普莱斯特维奇弯龙（C. prestwichii）的时候，认为侏儒弯龙、C. medius 及布朗氏弯龙，其实是全异弯龙的不同生长阶段或不同性别，所以只有全异弯龙是有效的物种。

他们亦将由马什及吉尔摩尔定为是 C. amplus 的头颅骨，改为属于全异弯龙。吉尔摩尔曾参考此头颅骨来描述弯龙的头颅骨，但近年有科学家发现这个标本并非属于弯龙，于是独立为 Theiophytalia 属。

在 20 世纪 80 年代末至 90 年代初，当马什在描述北美洲的弯龙物种时，在欧洲就有大量的被认为是弯龙的物种，包括有 C. inkeyi、霍格氏弯龙（C. hoggi）、利氏禽龙（C. leedsi）、普莱斯特维奇弯龙、及凡登弯龙（C. valdensis）。C. inkeyi 及利氏禽龙只是一些碎片而被认为是可疑名称。

凡登弯龙于 1977 年被改为是荒漠龙（Valdosaurus canaliculatus）。霍格氏弯龙原先由理察·奥云（Richard Owen）于 1874 年命名为霍格氏禽龙（Iguanodon hoggi），于 2002 年被改为是弯龙的一种。

其他的欧洲物种，普莱斯特维奇弯龙是从英格兰牛津郡发现。约翰·霍克于 1880 年将它命名为普莱斯特维奇禽龙，而于 1888 年，丝莱（Harry Govier Seeley）将它重新命名为 Cumnoria。

在 2008 年，肯尼思·卡彭特（Kenneth Carpenter）与 Wilson 命名了新种 C. aphanoecetes，化石发现于犹他州恐龙国家保护区。这个新种与全异弯龙的差别在下颌、较短的颈椎、较直的坐骨与小型末端。

古生物学

最大的成年弯龙多为 7～9 米长，臀部达 2 米高，体重约 1 吨。虽然它们的身体重型，由化石足迹来判断，它们除了以四肢来步行外，亦能够以双足步行。

弯龙属很可能是禽龙及鸭嘴龙科祖先的近亲。它们可能以它鹦鹉般的喙嘴来吃苏铁科植物。叶状牙齿位于嘴部后段，拥有骨质次生颚，使它们进食时可以同时呼吸。灵动的颌部关节，使颊部可前后移动，上下颊齿便可产生研磨的动作。眼窝中有块眼睑骨罕见地横突着。

如同其他鸟脚类恐龙，弯龙脊椎骨神经棘侧边的筋腱呈交错形态，可协助强化脊柱并使背部硬挺。荐椎有 5、6 节，弯龙与禽龙的每节荐椎间都有特殊的桩窝关节，可进一步强化脊柱。骨盘下部的骨头朝后，可容纳更大的肠道。

　　弯龙的手部有5根指头，前3根有指爪。拇指最后一节是马刺状的尖状结构，与禽龙的笔直尖爪不同。从化石足迹显示，弯龙的手指间没有肉垫相连，这点与禽龙不同。数根腕骨互相固定，可强化手部结构以支撑重量。弯龙的第一趾爪小型，向后反转不触地。

灵　龙

　　灵龙（Agilisaurus）是鸟脚亚目（Ornithopoda）、棱齿龙科（Hypsilophodontidae）的一个属。植食性，体长约1.5米，生活在中生代的侏罗纪中期，化石标本发现于中国的四川省自贡大山铺。前肢短小，后肢细长；头骨短高，眼眶被眼睑骨分隔成上、下两个开孔；上下颌牙齿多。

　　兰氏灵龙（Agilisaurus louderbacki）是鸟脚亚目（Ornithopoda）、棱齿龙科（Hypsilophodontidae）灵龙属（Agilisaurus）的一个种。植食性，体长约2米，生活在中生代的侏罗纪中期，化石标本发现于中国的四川省自贡大山铺。兰氏灵龙是一种小型的原始鸟脚类恐龙，其主要特点是头短高，眼睛大，颈子短，尾巴特别长，前肢短小，后肢长而粗壮，体态纤细灵巧，善于两足快速奔跑。

　　灵龙发现于中国自贡大山铺。灵龙是一种小型的原始鸟脚类恐龙，体长1.8～2米，其主要特点是头短高，眼睛大，颈子短，尾巴特别长，前肢短小，后肢长而粗壮，体态纤细灵巧，善于两足快速奔跑。

灵龙是一种长约 2 米的小型鸟脚类恐龙，为一新属种。标本发现于 1984 年。它是目前中国乃至世界发现的最完整的小型鸟脚龙化石。它身体娇小，灵巧；前肢短小，后肢细长；头骨短高，眼眶被眼睑骨分隔成上、下两个开孔；上下颌牙齿多。活着时，常出没于灌木丛之中，机警，善迅跑，杂食。

灵龙是鸟脚下目下的一个属，生活于侏罗纪中期的东亚。它的名字是来自拉丁文中"灵敏"的意思，是因它轻盈的骨骼及长脚而命名。它的胫骨比股骨较长，显示它是极快的双足奔跑者，并以其长尾巴作平衡。它觅食时可能会四足行走。它是小型的草食性恐龙，约 1.2 米长，与其他鸟臀目恐龙一样，它的上下颌前段形成喙嘴，可以帮助切碎植物。

这个属下有一个已命名的种，称为劳氏灵龙，是美国地质学家乔治·劳德巴克博士命名的。它的化石首次于 1915 年在中国的四川省被发现。属及模式种都是由中国古生物学家彭光照于 1990 年所命名的，并于 1992 年做出详细的描述。

劳氏灵龙的化石是一个完整的骨骼，可说是鸟臀目所有已发现的化石中最为完整之一。只有部分左前脚及后脚遗失，而可以根据余下部分来重组其体型。

该骨骼是在兴建自贡恐龙博物馆时被发现的，而亦已存放在该博物馆内。这个博物馆展览了多种从自贡市以外大山铺发掘出来的恐龙化石，包括灵龙、宣汉龙、蜀龙及华阳龙。这个石矿包含了从下沙溪庙地层的岩石，地质年代被认为是侏罗纪中期的巴通阶至卡洛维阶，距今 1 亿 6800 万至 1 亿 6100 万年前。

永川龙

永川龙是兽脚亚目、肉食龙次亚目、异特龙科的一属。肉食性，体长约 10 米，生活在侏罗纪晚期，主要分布在中国，化石发现于中国重庆市永川区新建镇上游水库。

永川龙是一种生活于晚侏罗世的大型肉食性恐龙，因标本首先在重庆永川区发现而得名。永川龙有一个近 1 米长、略呈三角形的大脑袋，两侧有 6 对大孔，这样可以有效的降低头部的重量。在这 6 对大孔中有 1 对是眼孔，这表明它的视力极佳，其他孔是附着于头部用于撕咬和咀嚼的强大肌肉群上。永川龙嘴里长满了一排排锋利的牙齿，就像一把把匕首，加上它粗短的脖子使得永川龙拥有巨大的咬力。永川龙的尾巴很长，可以在它奔跑时作为平衡器来保持身体的平衡。它的前肢很灵活，指上长着又弯又尖的利爪，用这对利爪可以牢牢地抓住猎物。永川龙的后肢又长又粗壮，生有 3 趾，像今天的涉禽那样用三趾着地，奔跑非常快速。有这样的后肢，永川龙可以不费吹灰之力便能追捕到猎物。

作为一种大型的肉食性动物，永川龙常出没于丛林、湖滨，行为可能与今天的虎、豹类似，性格冷僻，喜欢单独活动。一些性情温和的植食性恐龙常常是永川龙捕猎的对象，一旦被它盯上，就很难逃脱。

永川龙的模式为上游永川龙，体长大约 7 米，头骨长 82 厘米，高 50 厘米，这个属有 2 个种，包括上游永川龙与和平永川龙，后者超过 9 米长。

杨氏锦州龙

　　在辽西义县组发现一大型禽龙类恐龙，根据其头骨形态和牙齿特征建立一新属、新种——杨氏锦州龙，杨氏锦州龙某些特征比已知多数禽龙类原始，但大部分特征接近于早白垩世的一些进步禽龙类，如前上颌骨喙部中等扩大和牙齿形态及排列方式等。锦州龙的另外一些特征非常接近鸭嘴龙类，比如眶前孔不发育等。锦州龙的这种奇特特征组合对于研究禽龙类的演化和鸭嘴龙类的起源具有重要意义。锦州龙发现于义县组中部。层位高于四合屯化石层，是辽西热河生物群发现的第一个大型恐龙化石，丰富了热河生物群的组成。锦州龙的发现进一步证明了热河生物群的时代为早白垩世，与同位素测年确定的年代一致。

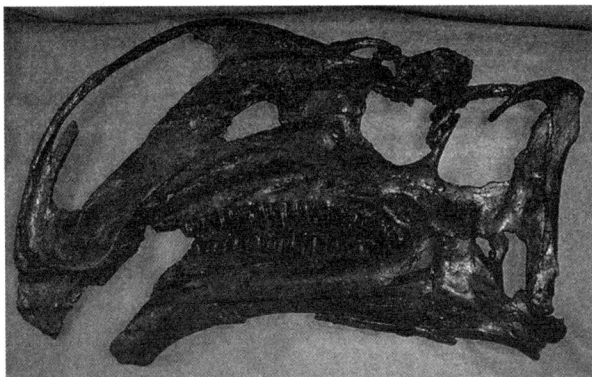

棱齿龙

到距今 1.1 亿年前后的白垩纪早期，出现了一些个子不大非常善于奔跑的食素恐龙。棱齿龙全长 1.4~2.3 米，臀高 1 米，两腿修长优美。喙嘴狭窄锐利，给它咬食树的枝叶带来很大方便。手臂长，手有 5 指，很适合抓扯食物并能捧食。以前，有人认为棱齿龙是在树上生活的，后来才发现它们的习性很像今天的非洲瞪羚。它们可能是鸟脚类中速度最快的一群。

棱齿龙的骨架模型，位于牛津大学自然历史博物馆。棱齿龙的第一个骨骸是在 1849 年由早期古生物学家发现。然而在当时，这些骨头被认为属于年轻禽龙的。直到 19 世纪 70 年代，古生物学家汤玛斯·亨利·赫胥黎发表了棱齿龙的完整叙述。在棱齿龙第一个种被命名后，威廉·达尔文·福克斯牧师提供给赫胥黎大量的棱齿龙化石。

早期古生物学家将这种小型、二足、草食性恐龙塑造成不同模样。在 1882 年，有些古生物学家提出棱齿龙如同现代树袋鼠，能够攀爬树以寻找躲藏处。这个观点持续了一世纪。然而在 1974 年，彼得·加尔东提出棱齿龙更准确的肌肉与骨骼结构，并说服了大多数古生物学家棱齿龙是生存于地面上的。

之后发现了 3 个接近完整的化石，以及 20 个较差的化石，尤其是在英格兰南部海岸的威特岛。在威特岛的一个地点中发现 12 只棱齿龙化石集合在一起，可能是一群恐龙被上涨的潮水困住。化石在其他地区如英格兰南部、葡萄牙都有发现。

棱齿龙的两侧肋骨有软骨构成的骨板，小头龙与奇异龙也有类似的骨板。目前棱齿龙只有一个种，就是赫胥黎当初所命名的福氏棱齿龙。加尔东与詹森在 1979 年命名了另一种维氏棱齿龙，但该种现在被认为是福氏棱齿龙的一个突变个体。

棱齿龙是种相当小的恐龙，头部只有成人的拳头大小。虽然没有细颚龙那般小，但棱齿龙身长只有 2～3 米。棱齿龙的高度只有达到成年人类的腰部，重 50～70 千克。

如同大部分小型恐龙，棱齿龙是二足恐龙，并以二足奔跑。棱齿龙的体型适合奔跑：重量轻、迷你骨骸、体型低、气动性体型、长腿、作为平衡用的硬挺尾巴。

因为棱齿龙的体型小，它们以高度低的植被为食，极可能类似于现代鹿以幼枝与根部为食的行为。根据棱齿龙头颅骨的结构，以及位于颌部后方的牙齿，显示棱齿龙有颊部，这种先进结构可帮助咀嚼食物。棱齿龙的颌部有 28～30 颗棱状牙齿，上下颌的牙齿形成一个很好的咀嚼面，而且颌部铰关节低于齿列，当上颌向外移动时，下颌会反向朝内移动，上下齿列便会不断互相磨合，棱齿龙可能借由这个方法，自行轮流磨尖这些牙齿。如同所有鸟臀目，这些动物的牙齿是不停的生长出来的。

棱齿龙对于后代的照顾程度还不明确，但是已经发现整齐布置的巢，显示在孵化前已有部分照顾。目前已经发现大群的棱齿龙化石，所以棱齿龙可能以群体行动。因此棱齿龙类经常被比喻为中生代的鹿，尤其是棱齿龙。

尽管棱齿龙生存于恐龙时代最后一期白垩纪，它们仍拥有许多原始特征。例如，棱齿龙每个手掌有5个指骨，每个脚掌有4个指骨。大部分恐龙到了白垩纪失去这些多余的特征。虽然棱齿龙的喙状嘴如同大部分鸟臀目的嘴部，但它们的颌部前方仍拥有三角形牙齿。大部分恐龙到了这个时代，都失去了前部的牙齿。但对于棱齿龙的前部牙齿，是否具有特殊功能仍在争论中。

棱齿龙类的演化从晚侏罗纪到白垩纪末仍保持停滞状态。可能因为棱齿龙类已经相当适应它们的方式，因此它们的物择压力很低。

这种鸟脚类恐龙成群生活，遍布欧洲和北美。它啃食低矮的植物，先将树叶储存在颊囊里，然后再用后面的牙齿慢慢咀嚼。逃跑是棱齿龙自卫的唯一方法，它能够像羚羊一样躲闪和迂回奔跑。它还具有敏锐的双眼，以发现逼近的食肉动物。

剑龙类恐龙

体型较大，有的达到 6—7.5 米。头小，颈较短，背部弓起。后肢比前肢长，四足行走，背脊上从颈部至尾部生有两行对称的骨质、形状各异剑板。尾端生有四条或多条三棱形或棒形的骨棘，用以御敌。

剑 龙

剑龙为一种巨大、生存于侏罗纪晚期、4 只脚的食草动物。它们被认为是居住在平原上，并且以群体游牧的方式和其他如梁龙的食草动物一同生活。它的背上有一排巨大的骨质板，以及带有 4 根尖刺的危险尾巴来防御掠食者的攻击。大约可达 12 米长和 7 米高，重达 7 吨。剑龙长着个像鸟一样的尖喙，喙里没有牙齿，但嘴里的两侧有些小牙。剑龙的背上有 17 块板状的骨头，在它尾巴的尖端还有着长刺。这些刺有 1.22 米长。剑龙的前腿比后腿短，前腿有 5 个脚趾，而后腿有 3 个脚趾。它们可能群居生活。剑龙的脑袋非常小，所以不太聪明。

大小与大象差不多，但体形却大不一样，前肢短，后肢较长，整个身体就像拱起的一座小山，山峰正好处在臀部。令人惊奇的是，从发现的化石得知，剑龙的背上有 2 排三角形的骨板，从颈部排到尾巴，宛如一把把插着的尖刀。这些骨板有什么用处呢？长期以来，不少人对这个问题进行过研究，但是意见不一，至今还是一个悬案。有人认为，骨板可以起到保护身体的作用。因为在侏罗纪的时候，陆地上的恐龙开始繁荣起来，肉食龙个体逐渐增大，这对食植物的剑龙威胁是很大的，剑龙只有以背上"刀山"一样的骨板防御敌人了。但是，身体裸露的地方怎么保护呢？所以又有人认为，骨板实际上是一种"拟态"，用于迷惑敌人。剑龙的骨板上带有各种颜色的皮肤和一簇簇像本内苏铁植物一样的东西，把自己装扮得不易被其他动物发现。近年来，有人又提出了新看法，认为剑龙的骨板具有调节体温的作用。当剑龙觉得体温太高时，就爬到阴凉处，这时就有大量血液流到骨板里，通过骨板散发热量，这是变温爬行动物的一种特殊适应方式。

虽然剑龙的个头如大象，但头很小。一个小脑袋如何指挥庞大的身体运动呢？有人认为，在剑龙的臀部还有一个扩大神经球，大约是脑子的 20 倍大，它能指挥后肢和尾巴的行动，所以有人说剑龙有 2 个脑子。看来，剑龙移动它那粗重的后肢和活动它那强劲的尾巴，要比运用头脑肯定要重要得多。因为，剑龙通常生活在灌木、丛林之中，不时地选择一些细嫩的枝叶为食；但是如遇到肉食龙来侵袭它时，它会用钉子般的尾刺鞭打它们，与敌人决一雌雄，这时第二大脑的作用就显现出来了。

世界上的古生物学家对剑龙的研究已有 120 多年的历史，自那时以来所发现的剑龙化石，大多是支离破碎的，完好的标本比较少。在少数完好的标本中，最引人注目的就是 1886 年费奇在美国科罗拉多州发现的"典型"的剑龙。它是一具有相当完美头骨的骨架化石，百余年来，世界各国古生物学家再也没有找到过这样完整的骨架化石。此外，非洲坦桑尼亚的刺棘龙骨架标本，虽然在世界上也占有重要地位，但头骨保存不全，整个骨架也是拼凑起来的。

1980 年，在中国四川省自贡市大山铺发现的一种名叫"太白华阳龙"的剑龙，除几具骨架外，还包括两个完好的头骨。这一重要发现，也和美国典型的剑龙一样载入了恐龙研究的史册。此前，华阳龙已被组装成完整骨架。它的身长约 4 米，臀部高 1.4 米，是一只中等大小的剑龙。

华阳龙的问世，使它成了世界上罕见的剑龙之一。然而，华阳龙化石发现的意义远不止这一点。过去，人们都认为欧洲是剑龙的故乡，它们最早在英国南部生活，后来才移居到美洲、亚洲和非洲的。自从华阳龙标本发现以后，它改变了许多古生物学家的看法，剑龙的起源中心应该在亚洲，理由是我国四川的华阳龙是在侏罗纪中期地层中发现的，而其他各大洲可靠的剑龙化石都是在这以后的侏罗纪晚期地层中发现的。由此，古生物学家周世武等人认为，华阳龙可能在侏罗纪中期有过一次大的分化，到侏罗纪晚期衍生出许多不同的属种，并扩散到亚洲以外的其他地方，如美国的"典型"剑龙、非洲的刺棘龙以及欧洲的一些种类。

值得一提的是，在我国四川省自贡沙河坝还发现过一只侏罗纪晚期的剑龙，保存得相当完整。这条剑龙的身长 7 米，臀部高 2.5 米，有颈椎 13 个，脊椎 17 个，荐椎 4 个，尾椎 47 个。它的头只有 40 厘米长，尾端长有 2 对长刺。这就是有名的"多刺沱江龙"。因为它首次发现于四川省四大江河之一的沱江流域，又因为它的背上有 17 对棘板（骨板），是目前已知剑龙中骨板最多的一种，所以就叫"多棘沱江龙"了。

楯 甲 龙

随着恐龙世界的发展，食素恐龙进化出各种逃避食肉恐龙的装备和技巧。楯甲龙四肢均衡，体型小巧，不仅灵活善跑，身上还有轻型装甲，从头颅到尾尖有一列锯齿般的背脊，整个背部及身体两侧有多排平行骨突。在遇到敌害袭击时，它会立即蜷起身体，使骨甲朝外，形成一个刺球。那些食肉恐龙叼起它，肯定会感到极不舒服的。

最近，在美国西部的犹他州发现了一种奇特的早期甲龙，它们生活在距今 1.25 亿万年前的白垩纪晚期。这种甲龙被叫做楯甲龙，身长超过 5 米，体重有 1~2 吨。楯甲龙腿很粗，低低的身体贴近地面。这样的身体结构显然无法跑得快。

骨板和骨刺覆盖了它们整个身体的上表面，其中脖子上面高耸的尖刺有十几厘米长。这样的"重装甲"确实可以让绝大多数捕食者望而却步。

那么，楯甲龙是不是可以根本不理睬周围那些贪婪的食肉恐龙而只管优哉游哉地生活呢？当然不是。因为在当时那个世界上，许多食肉恐龙无时无刻不在威胁着其他动物的安全。

当时的美国西部游荡着一种叫做尤他强盗龙的凶猛的食肉恐龙，它们目光敏锐，跑得很快，最厉害的武器是最内侧的手指和脚趾上长着的又长又尖的弯弯的利爪，可以轻易地抓破 2~3 厘米厚的动物皮肤。许多素食恐龙经常成为这些利爪的牺牲品。行动缓慢、感觉迟钝的楯甲龙自然也往往成为尤他强盗龙偷袭的目标。

当一只尤他强盗龙盯上一只楯甲龙的时候，尤他强盗龙会在楯甲龙还没有意识到的情况下就猛扑过去。这时候，如果楯甲龙还没有迅速作出反应的话，尤他强盗龙那锋利的长爪可能就已经抓破了它的致命部位或没有骨甲保护的腹部。

但是对那些在取食、行走和做各种活动时都时刻保持警惕的楯甲龙来说，尤他强盗龙就没有那么容易得手了。楯甲龙往往会在尤他强盗龙扑上来前的一刹那，将它的背部转向袭击者而将致命部位和腹部保护起来。此时，尤他强盗龙的爪子对楯甲龙背上的硬甲和长刺就无能为力了。

尤他强盗龙那弯刀一样的爪子虽然锋利，但是也过于细长，如果不小心的话，还会因别在楯甲龙的骨刺里或卡在骨甲里而折断。尤他强盗龙可不愿意冒这样的风险。在这种情况下，尤他强盗龙只好悻悻地走开，再去寻找其他的猎物或机会。

埃德蒙顿甲龙

简　介

埃德蒙顿甲龙生活在距今8000万年前的白垩纪晚期。体长约7米，体重4吨，以低矮的蕨类植物为食。

埃德蒙顿甲龙披了一身重重的钉状和块状甲板，用于保护自己。在它的头部还有一些像拼图玩具一样接在一起的骨板，保护着三角形的脑袋。除了这层厚厚的重甲之外，埃德蒙顿甲龙还有另外一种保护自己的方式。在它身体的两侧，各长有一排很尖锐的骨质刺，使它具有伸向两侧的刺状边缘。当它受到攻击的时候，它大概会匍匐在地上，以保护自己无甲板的柔软的肚子。

埃德蒙顿甲龙在灌木丛或低矮的树丛中吃东西的时候，用它那无牙的尖锐的喙把嫩树叶叼下。在它的大嘴的深处长着一排树叶形牙齿，可以把叼下来的食物

嚼烂。埃德蒙顿甲龙靠四条粗壮的腿行走，这 4 条腿足以支撑它宽阔、扁平的身体。它有短短的脖子和末端尖细的尾巴。

颈部骨板

除了背部的骨板外，埃德蒙顿甲龙的颈部上也长有骨板，从颈部前端到肩部总共有 3 排，最后面的 2 块骨板是 3 排颈部骨板中最大的。据推测，其颈部骨板的表面可能曾包着一层角质。它的这些骨板像是围护在柔软颈部上的坚硬盾牌，当阿尔伯塔龙试图用尖牙咬住埃德蒙顿甲龙的颈部时，颈部的骨板便提供了有效的防护。埃德蒙顿甲龙的肩部还有可怕的骨钉，这也能保护它的颈部。

牙　齿

尽管埃德蒙顿甲龙生活在白垩纪末期，应该说比大多数鸟臀目恐龙都要进化一些，但它的牙齿却比较原始，而且牙齿与牙齿间互不相连。它的颊齿从正面看，牙冠呈叶状，中间还有脊状突起，牙齿的两面都有牙釉质的保护，能够抗磨损。埃德蒙顿甲龙的牙齿从牙冠到牙根长约 4 厘米，这在甲龙类结节龙科恐龙中算是比较小的，但相对于那些甲龙科恐龙而言却要大得多。

生活形态

埃德蒙顿甲龙的嘴部相当狭窄，所以它可能是一个挑食者，它会选择一些汁液最多的植物来吃。当在灌木丛或低矮的树丛中吃东西的时候，埃德蒙顿甲龙会用它那前方无牙的喙部把嫩树叶叼下，然后再依靠大嘴深处的颊齿把叼下来的食物嚼烂。不过到了旱季，埃德蒙顿甲龙喜爱吃的植物枯死后，它也可能会去啃食树皮或者坚韧的灌木。一旦有肉食性恐龙想以它为食时，埃德蒙顿甲龙身体两侧以及肩上的尖刺就成为它最好的武器。

南极甲龙

　　南极甲龙（属名：Antarctopelta）意为"南极洲的盾甲"，是种甲龙下目恐龙，生存于晚白垩纪的南极。南极甲龙的体型中等，同时具有结节龙科与甲龙科的特征，使它们难以准确地分类。目前唯一的标本是在 1986 年发现于詹姆斯罗斯岛，是第一种在南极洲发现的恐龙，但却是继冰脊龙之后，第二种被命名的南极洲恐龙。目前只有唯一种——奥氏南极甲龙（A. oliveroi）。

叙述与分类

　　如同其他甲龙类，南极甲龙是种笨重、四足、草食性动物，身上覆盖着皮内成骨（Osteoderms）形成的骨板，嵌入至皮肤内。目前还没有发现完整的化石，但它们的身长估计最长可达 4 米。对于颅骨的所知有限，但目前所发现的颅骨碎片都有保护用的骨甲。一个被鉴定为眶上骨的骨头，上有短尖刺，在眼睛上方往外突出。牙齿成叶状、不对称，牙齿边缘的锯齿朝向嘴尖的方向。以比例而言，南极甲龙的牙齿比其他甲龙类还大，最大的牙齿宽度有 1 厘米。与北美洲的包头龙相比，包头龙的体型较大，身长 6~7 米，牙齿宽度平均为 0.75 厘米。

　　南极甲龙的尾椎也被发现，虽然尾端部分没有留下，但尾端在生前应该有数节较小的脊椎，上下两侧由硬化肌腱连接着。甲龙科的尾部肌腱可协助支撑尾端的大型骨槌。如果南极甲龙的尾巴具有骨槌，应该会被挖掘出土，但还没有被发现。目前已发现 6 种不同形态的皮内成骨，但只有少数附着在骨骸上，所以只能推测这些骨甲的位置。有些皮内成骨应该是大型尖刺的基部。一些平行的菱形皮内成骨，类似结节龙科埃德蒙顿甲龙的颈部骨板。一些大型圆形的皮内成骨，与较小的多角形骨甲一同发现，可能共同组成类似蜥结龙的臀部护甲。

　　南极甲龙与结节龙科有数个共同特征，主要在于牙齿与骨板。尾巴似乎有骨

槌，这点类似甲龙科。这些混合的特征，使南极甲龙很难以分类。南极甲龙目前为甲龙下目的未定属，目前还没有亲缘分支分类法的研究。

发现与命名

南极甲龙的正模标本，是该属目前所发现的唯一化石，同时也是南极洲所发现的第一个恐龙化石。这个正模标本是在 1986 年 1 月，由阿根廷地质学家爱德华多·奥立维罗（Eduardo Olivero）与罗贝托·斯加索（Roberto Scasso）发现于南极半岛附近的詹姆斯罗斯岛。挖掘区域约 6 平方米大小，但因为冰冻的地层与恶劣的气候，在经历数次挖掘活动后，直到十几年后才被完全地挖出，但可确定它们属于同一个体。该标本包含 3 个相关联的牙齿、部分下颚与一颗相连的牙齿、部分颅骨碎片、脊椎、肩胛骨、肠骨、股骨、5 块蹠骨、2 块指骨以及众多的骨甲。骨骸的保存状态不佳，许多接近地面的化石，因为风化作用而破碎。

这些化石经历十几年才被完整挖出，且有过 3 次个别的研究发表，终于在2006 年，由阿根廷古生物学家利安纳度·萨尔加多（Leonardo Salgado）与佐兰·加斯帕里尼（Zulma Gasparini）正式命名为奥氏南极甲龙（Antarctopelta oliveroi）。在 1993 年命名的冰脊龙，是第一个被命名的南极洲恐龙；但其实南极甲龙才是第一个在南极洲出土的恐龙。南极洲（Antarctica）这名称衍化自古希腊文，αντ/ant 意为"的对面"，αρκτο/arktos 意为"熊"，暗指大熊星座；而 πελτε/pelte 意为"盾甲"，是甲龙类常见的属名字根。种名 oliveroi 则是以发现者爱德华多·奥立维罗为名，他既是第一份相关研究的作者，更在南极洲挖掘了十几年之久。

早期的研究显示，这个在詹姆斯罗斯岛发现的甲龙类化石，是个幼年体。最近的研究则发现，它们的脊椎骨各部分完全愈合在一起，而幼体的神经弓与脊椎体之间应该有明显的接合处。一个初步的组织学研究，研究了数个脊椎骨，显示这个骨头生长至一定的程度，应该不是新生长的骨头。

生活环境

正模标本是在南极洲圣玛尔塔组出土的，位于一个挖掘基地的附近 90 米处。该地过去是个浅海环境，保存了许多海生动物化石，例如鲨鱼牙齿、沧龙科的 Lakumasaurus、鹦鹉螺、双壳纲以及腹足类。从鹦鹉螺等标准化石显示，该地的年代为晚白垩纪的晚坎潘阶，7400 万～7000 万年前。尽管位处海相沉积层中，南极甲龙仍生存于陆地上。曾经在其他海相沉积层中发现甲龙类化石，但应该是被冲积到海洋中的尸体。

虽然在白垩纪时期，南极洲位于南极圈之内，该地的气候却比现在温暖许多，应该没有覆盖着冰河。南极甲龙等动物可能生存于由蕨类与落叶树构成的森林之中。尽管气温较高，当时的南极洲在冬天应有永夜。在当时，南极半岛与詹姆斯罗斯岛连接着南美洲，允许两地的动物群做生物迁徙。但目前没有证据显示南极洲与南美洲之间有个共同的甲龙类动物群。

奥氏大地龙

奥氏大地龙是剑龙类大地龙属的一个种，植食性，体长约 2 米，生活在中生代的侏罗纪早期。化石标本是左侧颌骨具有牙齿的残片，发现于中国。

化石奥氏大地龙是根据一件左侧颌骨具有牙齿的残片而命名的，是一种极为有趣的小型鸟脚类恐龙。根据 Simmons 在 1965 年指出，最初的描述特征与甲龙科极为相近。经过详细研究大地龙的标本，得出大地龙的牙齿与剑龙类的华阳龙相仿。大地龙被认为是剑龙类的祖先原型，而推测剑龙族群或许最早起源自亚洲的大地。

1965 年，美国人西蒙，根据一块带有牙齿的左下颌骨，鉴定了一个小的鸟脚类恐龙，叫做奥氏大地龙。因化石是奥拉尔神父带到芝加哥菲氏博物馆，种名赠给了奥拉尔，属名使用化石产地禄丰沙湾大地村。

1986 年，在德克萨斯技术大学，通过桑卞·卡特吉博士，借得了这块标本。经对比，它是一个原始的小型的剑龙，归于华阳龙科。大地龙是记录中最早的剑龙。

大地龙大小和一只大山羊差不多，它的头骨低长，嘴前部有小尖形齿，颊齿呈叶片状。大地龙身上有小型的甲板，用四足行走，在丛林中觅食植物嫩枝叶。

奥氏大地龙有宽阔、坚固的头骨和棒槌状的尾巴。头骨上有骨质的眼睑，可以抵御肉食类恐龙利爪的袭击。它的背部、脖子和尾巴上都有骨质的甲板，不同形状的不太锋利的钉状物和板状物，围绕着脖子、肩膀直到尾巴。头部的甲胄则更多更重，能保护头的顶部及其两侧。它的眼睛上也长着三角形的骨甲。这种恐龙的肋骨与臀部骨骼愈合在一起，以固定巨大的后肢和棒槌状的尾巴。

乌尔禾龙

乌尔禾龙是种存活于早白垩纪中国的剑龙下目恐龙。乌尔禾龙身长约 6 米。与其他剑龙科相比，乌尔禾龙的背部骨板较圆。

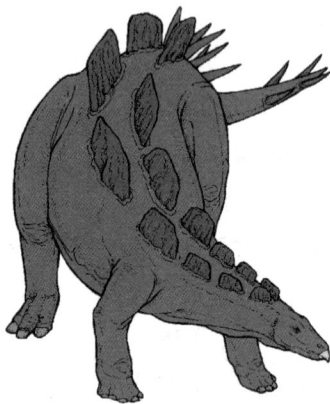

人们只发现过很少这种剑龙的骨头，因此对它的再认识在一定程度上还是猜测的结果。像所有的剑龙一样，它似乎沿着背部长着一系列三角形的甲片，在尾部还长着锋利的尖刺。乌埃哈龙是草食性动物，四肢着地到处走动。它生活在白垩纪早期的亚洲。

模式种是乌尔禾龙，由董枝明在 1973 年于中国新疆的吐谷鲁组发现。化石由破碎的身体骨头构成，以及另一个个体的部分尾部骨头。另一个较小的种额多乌尔禾龙，在 1993 年于中国内蒙古鄂尔多斯盆地伊金霍洛组发现，并由董枝明正式命名。

乌尔禾龙目前有两种：平坦乌尔禾龙和额多乌尔禾龙。乌尔禾龙的身体较其他剑龙科低；科学家认为这是因为乌尔禾龙以低层植被为食的适应结果。不像剑龙属，乌尔禾龙有较短、较圆的骨板，功能目前还在争论中。乌尔禾龙如同其他剑龙类，拥有 4 根尾部尖刺，这些尖刺最可能用来自我防卫。

勒苏维斯龙

勒苏维斯龙是以法国古代的部落 Lexovi 为名，生存于侏罗纪中至晚期（约 1 亿 6500 万年前）最早被发现的欧洲的恐龙之一。它是属于剑龙科。它的化石是一片装甲及肢骨，于法国及英格兰北部发现。

法国标本显示勒苏维斯龙可能很像剑龙，但却与大部分剑龙科有所分别。在它的肩上有一对长刺，长约 1.2 米，是剑龙类中最长的尖刺；背部及尾巴都有扁平装甲及圆尖刺，臀部亦有一对长刺。勒苏维斯龙可能有 5 米长。模式种 L. durobrivensi 是由 Hoffstetter 于 1957 年描述及命名的。模式标本原先被分类在 Omosauru 之中。

嘉陵龙

嘉陵龙是一属像钉状龙的剑龙科恐龙，从中国四川省晚侏罗纪的上沙溪庙组中被发现。它是最早的剑龙科之一，生活于约 1.6 亿年前。由于它是草食性的，科学家认为嘉陵龙可能以当时最丰富的蕨类及苏铁科为食物。它的名字是取自中国南部的嘉陵江。嘉陵龙可以长成达 4 米长及 150 千克重，较其他剑龙科为小。

嘉陵龙的化石是于 1957 年由地质学家关氏在衢县所采集，虽然发现的化石只是非常不完整的头颅骨，杨钟健在两年后仍将之命名。1969 年，Rodney Steel 指嘉陵龙可能是其他剑龙科的早期祖先，但这却很难证实。模式种是关氏嘉陵龙，都只是从一个部分骨骼而命名。1978 年，重庆市博物馆的赵喜进补充了原有的遗骸。

将军龙

将军龙是剑龙科恐龙的一属，生存于侏罗纪晚期牛津阶的中国新疆。化石出

土于准噶尔盆地的石树沟组，包含下颌、一些颅骨、7 节关节仍连接的脊椎以及 2 块角板。模式种为准噶尔将军龙，是由贾程凯、徐星等人在 2007 年所命名的。

巨刺龙

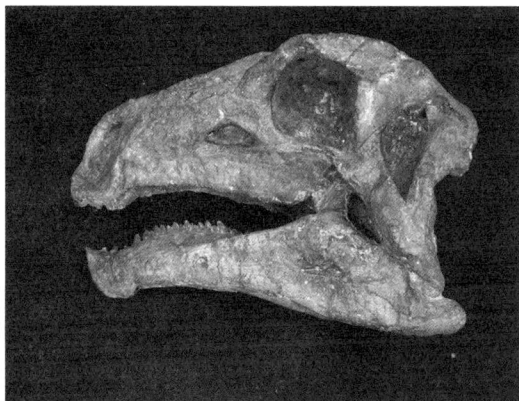

巨刺龙意为"有巨大棘刺的蜥蜴"，是种生存于晚侏罗纪的剑龙类恐龙。化石被发现于中国四川省自贡市的上沙庙组，是一个部分完整的骨骼，缺少头颅骨（但有下颌）、后肢以及尾巴。模式种是四川巨刺龙，是在 1992 年被叙述、命名，但普遍被认为是个无资格名称，直到 2006 年。尽管当时巨刺龙处于无资格名称状态，人们还是绘制出了许多种巨刺龙的想象图，而且自从 1996 年以来，骨骼模型已在自贡市展出中。巨刺龙的明显特征是相当小的骨板与大型肩刺，大约是肩胛骨的 2 倍长。最近的研究显示巨刺龙是剑龙下目中最基础的物种。巨刺龙的身长约有 4 米长。

大众对于巨刺龙的了解，始于 2006 年 Tracy Ford 认为它们是个有效分类，并公布一篇简短的文章来重建巨刺龙。Ford 认为早期的巨刺龙重建将巨刺龙的肩刺上下颠倒，他的新重建则是将肩刺稍微朝上，尾端高于巨刺龙的背部。在 2006 年，Susannah Maidment 与魏光飙在晚侏罗纪中国剑龙类研究中，也将四川巨刺龙视为有效分类，但并未重新叙述它们，因为该骨骼正在被自贡恐龙博物馆的工作人员研究。

沱江龙

生活在中国的沱江龙与同时代生活在北美洲的剑龙有着极其密切的亲缘关系。沱江龙从脖子、背脊到尾部，生长着15对三角形的背板，比剑龙的背板还要尖利，其功能是用于防御来犯之敌。在短而强健的尾巴末端，还有2对向上扬起的利刺，沱江龙可以用尾巴猛击所有敢于靠近的肉食性敌人。你能够想象得出恐龙日光浴吗？沱江龙的背板也是用于采集阳光的。它们就像太阳能板那样，吸取热量。当这些背板中血液的温度升上来时，热量就通过血管流遍全身，就像水在暖气管道中流动一样。沱江龙的牙齿是纤弱的，不能充分地咀嚼那些粗糙的食物，因此它们可能是在吃植物时一起吞咽下一些石块，这些石块可在胃中帮助将食物捣碎。1974年，重庆博物馆主持一项计划——进行四川境内自贡附近五家堰的系统挖掘工作，经过3个月的挖掘，从上部沙溪庙组的侏罗纪晚期岩层中，清理出106柳条箱，重达10吨的骨骼化石。这些标本经过董枝明研究，复原了2具峨眉龙的骨架，1具四川龙的骨架，以及1具沱江龙的骨架。其中沱江龙是亚洲有史以来所发掘到的第一只完整的剑龙类骨骼。

米拉加亚龙

　　米拉加亚龙是种剑龙下目恐龙，化石发现于葡萄牙，年代属于侏罗纪晚期。米拉加亚龙以它们的长颈部而闻名，颈部具有至少17节颈椎。

　　米拉加亚龙的正模标本发现于葡萄牙北部奥波多市的劳尔哈组，年代为侏罗纪晚期（启莫里阶晚期到提通阶晚期），约1亿5千万年前。这个标本是由一个部分颅骨，以及部分的身体前半段所构成；包含以下部位：大部分口鼻部、15节颈椎（缺少最前2节颈椎）、肩带、大部分前肢、13个背部骨板。米拉加亚龙的颅骨，同时也是欧洲所发现的第一个剑龙类颅骨。

　　在正模标本的发现处附近，另外发现一个幼年个体标本（编号433－A），包含一个部分骨盆和部分的脊柱，也被归类于米拉加亚龙。

　　米拉加亚龙是由奥克塔维奥·马特乌斯等人叙述、命名。模式种是长颈米拉加亚龙；属名是以化石发现处的奥波多市的 Miragaia 堂区为名，种名则意为"长颈"。马特乌斯等人同时也提出一个系统发生学研究，认为米拉加亚龙与锐龙属于一个名为锐龙亚科的演化支；而锐龙亚科与剑龙属都属于剑龙科，两者互为姐妹分类单元。

　　米拉加亚龙的明显特征，是其长于一般剑龙类的颈部，由至少17节颈椎所构成；与传统观念中，剑龙类的低矮步态、短颈部不同。米拉加亚龙的颈椎数量，甚至比大部分的蜥脚类恐龙还多（多为12～15节颈椎）；只有盘足龙、马门溪龙、峨眉龙等蜥脚类恐龙的颈椎数量，超过米拉加亚龙。马特乌斯等科学家推论，米拉加亚龙的长颈部可使它们有更大的进食范围，或者是在求偶时具有视觉辨认的功能。

　　科学家推测米拉加亚龙的长颈部，是由部分背椎向前移动构成颈部脊椎而形

成；而非额外增加的颈椎。与剑龙属相比，米拉加亚龙的颈椎长度略长，但这可能是死后的化石化过程中，遭到外力变形的后果。

与其他剑龙科相同，米拉加亚龙的口鼻部前端缺乏牙齿。前肢的尺骨/桡骨长度比例，与剑龙属的比例相近。颈部肋骨与颈椎愈合。耻骨的末端大，与锐龙相同。背部骨板成三角形。

营山龙

营山龙是种生存于晚侏罗纪的四足恐龙，约 1 亿 5 千万年前。营山龙是种生存于中国的剑龙类。模式种是济川营山龙，是在 1984 年由赵喜进所提及，但因为没有经过正式研究的叙述、命名，目前为非正式名称（无资格名称）。在 2006 年，一个研究指出营山龙的化石已经遗失。

如同所有剑龙类，营山龙是种草食性恐龙，并类似沱江龙。营山龙的肩膀拥有一对翼状尖刺，如背部骨板一样平坦。

西　龙

西龙是一属草食性恐龙，生活于侏罗纪启莫里阶至提通阶（约 1 亿 5 千万年前）。化石发现于美国怀俄明州。由于它是从莫里逊组较老的地层部分发现，所以生存年代是略早于其他莫里逊组剑龙下目恐龙。

西龙是种典型的剑龙科，它的背部有交互的装甲，及尾巴上有 4 条尖刺。它的背部装甲不比剑龙的高，但较长。头颅骨较剑龙的短、宽，与锐龙最为相似。

西龙是由肯尼思·卡彭特（KennethCar-penter）于 2001 年描述。他以其发现地位于美国西部而命名为西龙。目前已经发现一个接近完整的头颅骨及大部分骨骼。模式种是缪氏西龙。莫里逊组的西龙化石，发现于第一地层带。

在 2008 年，SusannahMaidment 等人提出西龙是剑龙的一个次异名，主张将西龙改列为剑龙属的一种——缪氏剑龙。

重庆龙

重庆龙是剑龙科恐龙的一属，生存于晚侏罗纪时期的中国，化石发现于四川省的上沙溪庙组。

模式种是江北重庆龙，化石是在 1977 年发现于重庆，并由董枝明、周世武、张奕宏在 1983 年所描述、命名。在 1977 年，中国出土了许多剑龙类恐龙，重庆龙是最小的一种。

重庆龙是最小的剑龙科恐龙之一，身长 3 ~ 4 米。它的尾巴至少有 5 条尾刺。它的头颅骨相当高及狭窄，背板大及厚。如同其他剑龙类恐龙，重庆龙是草食性的恐龙。重庆龙的背部有成对排列的尖状骨板，但总数量未知。重庆市博物馆的一个标本有 14 对骨板，以及 2 对尾刺。

重庆龙被认为与其他大型草食性恐龙与剑龙科恐龙生存于同一区域，如嘉陵龙、沱江龙、马门溪龙、峨眉龙。同一区域的掠食动物

有永川龙与四川龙。

钉状龙

钉状龙又名肯氏龙，为剑龙科的一属。钉状龙身长4米，化石发现于坦桑尼亚的敦达古鲁组，生活年代为晚侏罗纪的启莫里阶，约1亿5570万到1亿5080万年前。钉状龙与北美洲的剑龙属是近亲，但是体型大小、身体灵活度、与防御用的板甲形状不同。钉状龙的后背到尾巴分布者尖刺，而非板甲。肩膀或臀部两侧可能有尖刺。

一个德国挖掘团队在东非发现了数种新恐龙，钉状龙是其中最重要的之一，它显示了坦桑尼亚与莫里逊组两地在较早期曾经非常接近，莫里逊组位于落基山脉的东部。在这个挖掘团队的3个科学家中，EdwinHennig在1915年首次叙述钉状龙。

钉状龙的已发现化石包含一个接近完整的尾巴、骨盆、数节背椎。沃纳·詹尼斯利用这些化石，重建出一个钉状龙的骨架模型，在柏林自然史博物馆展出。在2006—2007年，博物馆将这个骨架拆除，并组架出新的骨架模型。除此之外，一个颅骨与尖刺化石曾存放在柏林洪堡大学的洪堡博物馆，但洪堡博物馆在第二次世界大战中遭到轰炸，而这些化石一度被认为已经遗失了。但是，近年在博物馆的地下储藏室，发现了颅骨部分。

模式种是埃塞俄比亚钉状龙，也是目前的唯一一种。在1914年，查尔斯·怀特尼·吉尔摩尔在美国怀俄明州发现的一些零碎化石，被命名为长刺剑龙，有可能是钉状龙的北美洲物种。

钉状龙的骨架模型柏林洪堡自然历史博物馆命名争议。

钉状龙是在 1915 年由 EdwinHennig 命名。但是，角龙类的开角龙的属名也是来自相同的希腊文字源，两者只差一个字母，在发音上可能会产生混淆。隔年，为了避免违反国际动物命名法规，EdwinHennig 将钉状龙改名为 Kentrurosaurus。同时，匈牙利古生物学家法兰兹·诺普乔则将钉状龙改名为 Doryphorosaurus。如果有重新命名的必要，较早重新命名的 Kentrurosaurus 具有优先权。但是，钉状龙与开角龙的属名只差一个字母，并无重新命名的必要，Kentrosaurus 仍是有效的属名。

钉状龙的骨架模型，位于柏林自然历史博物馆钉状龙体型较剑龙属小。钉状龙身长 4 米，体重约 320 千克。在剑龙类恐龙中，钉状龙的体型小。

如同其他剑龙类恐龙，钉状龙是种草食性恐龙。但不同于其他鸟臀目恐龙，剑龙类的牙齿小，磨损面平坦，颌部只能作出上下运动。钉状龙的颊齿呈独特的铲状，齿冠不对称，牙齿边缘只有 7 个小齿突起。其他剑龙类恐龙的牙齿较为复杂。由于禾本科植物直到白垩纪才演化出现，所以钉状龙不可能以草为食。过去曾有理论认为，剑龙类是以低矮的植物叶子、水果为食。另一种可能是，钉状龙能够以后脚站立，以较高的树枝、树叶为食。

钉状龙的板甲与剑龙属的板甲相当不同。钉状龙有许多小型板甲沿者颈部与肩膀排列。而背部后方与尾巴通常有 6 对尖刺，每个尖刺长度为 1 尺。如同其他剑龙类恐龙，例如欧洲的勒苏维斯龙，钉状龙另有 1 对尖刺从臀部（也可能是肩膀）往后延伸。剑龙属的骨板可能起体温调节作用，而钉状龙的尖刺可能只有自我防卫的功能。

钉状龙的模型，以后肢站立，模型位于华沙。钉状龙可能曾被类似异特龙与角鼻龙的兽脚类恐龙所猎食。钉状龙可左右挥动它们有尖刺的尾巴来避免被攻击。而钉状龙臀部两侧的尖刺也可保护它们免受攻击。

钉状龙与剑龙属最主要的差别在于，剑龙属缺乏臀部与尾巴连接处附近的一对显著的尖刺。钉状龙的股骨长度与腿的其他部分相比，显示它们是种缓慢而不

活跃的恐龙。钉状龙可能用后腿直立起来以接触树叶、树枝，但正常的状态应该是完全四足状态。

钉状龙的化石发现于坦桑尼亚的敦达古鲁组，目前已发现 2 个骨骼，以及零散的骨头，分别来自于成年与幼年个体。这个地层的年代为晚侏罗纪的启莫里阶，约 1 亿 5570 万到 1 亿 5080 万年前。

钉状龙与剑龙属的相似处与相异处，可用大陆漂移学说解释。在坦桑尼亚腾达古鲁地区发现的钉状龙化石，以及北美洲发现的剑龙属化石，两者之间的相似处显示现在分离的这两个地区，过去一度是一个超大陆的一部分，该超大陆名为盘古大陆，而北半部分则称为劳亚大陆。现在分离的这两个地区，过去应该有非常类似的气候，才能生存如此类似的物种。同时，钉状龙与剑龙属的相异处可解释它们不同的祖先，因为随后的板块运动而分隔两地，两个生物群在趋异演化下产生的改变锐龙。

锐　龙

锐龙意为"非常锐利的尾巴"，是种大型剑龙科恐龙，生活于侏罗纪晚期，距今 1 亿 5400 万到 1 亿 5000 万年前，它 6～10 米长。

装甲锐龙的正模标本，出自理查·欧文的 1875 年研究。锐龙是于 1875 年由理查德·欧文所描述，当时命名为 Omosaurusarmatus。它是首只被发现的剑龙科，其名字因已被其他动物使用，而被迫更改为现在的名称。

锐龙化石是发现在英格兰南部威尔特夏及多塞特（当中包括了一节在韦茅斯发现的脊椎，被归类为装甲锐龙）法国、西班牙、及葡萄牙（5 个年代较晚的骨骼）。沿着脊椎有 2 排三角形的角板，尾巴上有 4 对尖刺。这个配置很像它的近亲钉状龙。不知为何，很多书本都指出锐龙是一小型的剑龙科。不过有发现 1.5 米长的骨盆，可见锐龙是最大的剑龙科之一。

角龙类恐龙

鸟臀类草食性恐龙，体长可达九米，成群生活，以植物的嫩枝叶和多汁的根、茎为食物。

鹦鹉嘴龙

鹦鹉嘴龙是小型的鸟脚类恐龙，体长约 1 米。头骨短、宽而高，吻部弯曲并包以角质喙，酷似鹦鹉而得名。颧骨发达，外鼻孔小，前额骨位于鼻骨以下，下颞颥孔宽阔，枕骨孔发达，大于枕髁 2 倍。在上颌和下颌上各有 7～9 个牙齿。齿缘较光滑，齿根长，齿冠低。牙齿为三叶状，齿冠中棱前各有 2～4 个小脊。颈很短，颈椎 6～9 个。脊椎 13～16 个，荐椎 5～7 个。乌喙骨较小，其上之乌喙孔不封闭。肠骨细长，肠骨上缘的棱脊粗壮，坐骨发达，略呈弯曲状。前肢比后肢略短，前足有 4 块腕骨，第四指退化，第五指消失。股骨比胫骨略短，跖骨约等于胫骨的 1/2，后足仅第四趾退化。

迄今所知该类化石分布仅限于亚洲大陆，除中国北方是主要产地外，在蒙古和俄罗斯的乌拉尔以东也有发现。是早白垩世的标准化石。或许是角龙类的祖先与之有关。是原始的类型并至少偶尔用两足行走。后肢和骨盆很发达，代表鸟臀目（Ornithischia）恐龙类（具像鸟的骨盆）。

虽然前肢不像后肢一样粗壮，但是为了进食大概能采取四足行走的姿势。上腭弯曲在下腭之上。腭的前部无齿，颊部有齿。

鹦鹉嘴龙大部分时间生活在陆地上，尤其在低洼的湖沼和河流岸边最多，主要以水边的柔嫩多汁的植物为食，它们用坚固的角喙把娇嫩植物割切断，再用单列牙前后咀嚼而吞食。由于特化难以适应生活环境变化，故生存了较短时间，就灭绝了。

原 角 龙

原角龙（属名：Protoceratops）在希腊文意为"第一个有角的脸"，是种角龙下目恐龙，生存于上白垩纪坎潘阶的蒙古。原角龙属于原角龙科，原角龙科是一群早期冠饰角龙类。不像晚期的冠饰角龙类恐龙，原角龙缺乏发展良好的角状物，且拥有一些原始特征。

原角龙身长 1.5~2 米，体型接近绵羊。它们有大型头盾，可能用来保护颈部、使颌部肌肉附着、用来辨认同种类动物，或综合以上功能。原角龙在 1923 年由沃特·格兰杰（Walter Granger）与 W. K. Gregory 所叙述，并被认为是北美洲角龙类的祖先。研究人员现在根据体型，分别出原角龙的 2 个种：安氏原角龙（P. andrewsi）、P. hellenikorhinus。目前已发现数 10 具原角龙标本。

1920 年，罗伊·查普曼·安德鲁斯（Roy Chapman Andrews）发现一个偷蛋龙化石正位在一群恐龙蛋的上方，而这些恐龙蛋被认为属于原角龙。但现在已发现这些原角龙的蛋，其实是偷蛋龙本身的蛋。

叙　　述

原角龙身长约 1.8 米，肩膀高度 0.6 米。成年原角龙的体重约 180 千克。高度集中的大批标本，显示原角龙是群居动物。

原角龙是种小型恐龙，但头颅占了大部分。原角龙是草食性动物，但似乎嘴部肌肉强壮，咬合力高。嘴部有多列牙齿，适合咀嚼坚硬的植物。原角龙的头颅骨有大型喙状嘴、4 对洞孔。最前方的洞孔是鼻孔，可能比晚期角龙类的鼻孔还小。原角龙有大型眼眶，直径约 50 毫米。眼睛后方是个稍小的洞孔，下颞孔。

头盾由大部的颅顶骨与部分的鳞骨所构成。头盾本身则有 2 个颅顶孔，而颊部有大型轭骨。头盾的正确大小与形状随着个体而有所不同；有些标本有短小的

头盾，而其他的头盾接近头颅的一半长度。有些研究人员，包括彼得·达德森（Peter Dodson），将头盾的不同大小与形状，归因于两性异形以及年龄变化。

发现与种

在 1922 年的一支由美国人组成的寻找人类祖先的挖掘团队，摄影师 J. B. Shackelford 在戈壁沙漠（内蒙古、甘肃省）发现了原角龙的第一个标本。这次由罗伊·查普曼·安德鲁斯（Roy Chapman Andrews）带领的挖掘活动没有发现早期人类化石，发现了许多原角龙、鹦鹉嘴龙化石，以及兽脚亚目的迅猛龙、偷蛋龙化石。

1923 年，沃特·格兰杰与 W. K. Gregory 正式地叙述、命名模式种安氏原角龙（P. andrewsi），种名是以安德鲁斯为名。化石的地质年代是上白垩纪坎潘阶（8350 万到 7060 万年前）。研究人员注意到原角龙的重要性，认为原角龙是三角龙的祖先。这些化石组于保存良好的状况下，有些标本甚至保有了巩膜环（Sclerotic ring），巩膜环是一种易碎的眼睛骨头。

1971 年，在蒙古发现了一个化石，一只迅猛龙正攫取一只原角龙。一般认为它们在打斗中同时死亡，可能因为沙尘暴，或是沙丘倒塌在它们身上。

1972 年，波兰古生物学家 Teresa Maryanska 与 Halszka Osmólska 叙述了原角龙的第二种柯氏原角龙（P. kozlowskii），化石发现于蒙古坎潘阶。然而，这些化石由不完整的未成年体化石构成，现在被认为与柯氏矮脚角龙（Breviceratops kozlowskii）是同种动物。

2001 年，命名了第二个有效种 P. hellenikorhinus，发现于中国内蒙古的 Bayan Mandahu 组，也是来自于上白垩纪的坎潘阶。P. hellenikorhinus 的体型明显大于安氏原角龙，并拥有稍微不同的头盾，以及更结实的颧骨角状物。

繁　衍

1920 年，罗伊·查普曼·安德鲁斯在蒙古戈壁沙漠发现了第一批恐龙蛋化石。这些蛋的直径约为 2.44 米。因为接近原角龙，所以这些恐龙蛋一度被认为属于原角龙。附近的兽脚亚目偷蛋龙被认为偷窃并吃了原角龙的蛋。这个偷蛋龙的颅骨破碎，被认为是遭到保护蛋巢的成年原角龙的攻击。然而在 1993 年，马克·诺瑞尔（Mark Norrell）等人在一个被认为是原角龙的蛋中，发现了一个偷蛋龙的胚胎。

分　类

原角龙是第一个被命名的原角龙科恐龙，所以也成为原角龙科的名称来源。原角龙科是一群草食性恐龙，比鹦鹉嘴龙科先进，但比角龙科原始。原角龙科的特征是它们与角龙科的相似处，但原角龙科有更善于奔跑的四肢比例，以及较小的头盾。

1998 年，保罗·塞里诺（Paul Sereno）将原角龙科定义为：冠饰角龙类中，所有亲缘关系与原角龙较近，而离三角龙较远的物种，所组成的基群演化支。这个演化支包括：弱角龙、矮脚角龙、雅角龙、喇嘛角龙、巨嘴龙、扁角龙、巧合角龙等属。但在 2006 年，彼得·马克维奇与马克·诺瑞尔公布了新的系统发生学研究，将数个属移出原角龙科。贝恩角龙可能是原角龙的次异名。

尖 角 龙

尖角龙意为"长尖角的恐龙"。生存在 8000 万年前晚白垩世，以低矮的植物为食。

在加拿大艾伯塔省的红鹿河谷内发现过几百块这种角龙的化石。据此，科学家们不但能够推断出尖角龙的形态，还能了解到尖角龙是怎样生活的。尖角龙差不多和1头大象一样长，和一个成年人一样高。它的鼻骨上方有一个角，加上粗壮的身体，看起来很像1只大犀牛。

在尖角龙的脖子上方有一个骨质颈盾，边缘有一些小的波状隆起。科学家认为，这个颈盾大概是地位的象征。估计有些尖角龙的颈盾上色彩亮丽，使它们看起来与众不同，这有助于它们吸引异性。

因为尖角龙的头、颈盾同身子比较起来显得十分的巨大，它就需要有很强壮的颈部和肩部。即使是晃动一下脑袋，也会使它的骨骼承受不小的压力。因此，尖角龙的颈椎紧锁在一起，有极强的耐受力。

发现尖角龙群体化石的科学家曾注意到，有些骨骼已经破碎了。这些骨骼看上去好像被别的动物踩过。估计这些破损是在尖角龙群试图趟过一条水流湍急的河时，惊慌失措，互相践踏造成的。

三 角 龙

三角龙（属名：Triceratops）是鸟臀目角龙下目角龙科的草食性恐龙的一属，化石发现于北美洲的晚垩纪晚马斯垂克阶地层，约6800万到6500万年前。三角龙是最晚出现的恐龙之一，经常被作为晚白垩纪的代表化石。

三角龙是一种中等大小的四足恐龙，全长有7.9~9米，臀部高度为2.9~3米，重达6.1~12吨。它们有非常大的头盾，以及3根角状物，令人联想起现代犀牛。虽然没有发现过三角龙的完整骨骸，它们仍因从1887年起发现的大量部分骨骸标本而著名。长久以来，关于它们3根角以及头盾的功能仍处于争论中。传统上，这些结构被认为是用来抵抗掠食者的武器，但最近的理论认为这些结构可能用在求偶，以及展示支配地位，如同现代驯鹿、山羊、独角仙的角状物。

古生物学家们还不确定三角龙在角龙科的正确位置。目前已有 2 个有效种：恐怖三角龙、T. prorsus，但还有其他属被命名。

三角龙也是最著名的恐龙之一，也是在通俗文化中非常受欢迎的恐龙。虽然三角龙与暴龙居住在同一陆地上，但不确定它们之间是否有过电影与儿童读物里所描述的打斗。

三角龙最显著的特征是它们的大型头颅，是所有陆地动物中最大之一。它们的头盾可长至超过 2 米，可以达到整个动物身长的 1/3。三角龙的口鼻部鼻孔上方有一根角状物；以及一对位在眼睛上方的角状物，可长达 1 米。头颅后方则是相对短的骨质头盾。大多数其他有角盾恐龙的头盾上有大型洞孔，但三角龙的头盾则是明显地坚硬。

三角龙有结实的体型、强壮的四肢，前脚掌有 5 个短蹄状脚趾，后脚掌则有 4 个短蹄状脚趾。虽然三角龙确定是四足动物，它们的姿势长久以来一直处于争论中。三角龙的前肢起初被认为是从胸部往两侧伸展，以助于承担头部的重量。这种站立方式可见于查尔斯·耐特（Charles R. Knight）与鲁道夫·札林格（Rudolph F. Zallinger）的绘画中。然而，角龙类的足迹化石证据，以及近期的骨骸重建，显示三角龙在正常行走时保持者直立姿势，但肘部稍微弯曲，居于完全直立与完全伸展（现代犀牛）两种说法的中间。但这种结论无法排除三角龙抵抗或进食时会采取伸展姿态。

分　类

三角龙是角龙科中最著名的一属，角龙科是群大型北美洲角龙类恐龙。多年以来，三角龙是否处于角龙下目中的位置仍处于争论中。混淆来自于三角龙的短、坚硬头盾类似尖角龙亚科，而长的额角类似角龙科（或称开角龙亚科）。在第一个对于角龙类的研究中，理察·史旺·鲁尔（Richard Swann Lull）提出 2 个支系，一个往三角龙发展的支系包括独角龙、尖角龙，另一个支系包括角龙、牛角龙，这个假设使三角龙属于尖角龙亚科。较晚的研究支持这个观点，并将这个短头盾支系正式命名为尖角龙亚科（包含三角龙），另一长头盾支系为开角龙亚科。

1949 年，查尔斯·斯腾伯格（Charles Mortram Sternberg）首次对这假设提出质疑，并基于头颅与角的特征，而认为三角龙与无鼻角龙、开角龙关系较近，使得三角龙属为三角龙亚科（尖角龙亚科）。然而，斯腾伯格的分类与约翰·奥斯特伦姆（John Ostrom）、大卫·诺曼（David Norman）将三角龙置于尖角龙亚科不同。

后来的发现与研究支持了斯腾伯格的观点，Lehman 在 1990 年为 2 个亚科定义，并基于数个形态上的特征，而将三角龙归于角龙亚科。事实上，除了短头盾以外，三角龙相当符合角龙亚科的特征。彼得·达德森（Peter Dodson）在 1990年的亲缘分支分类法研究与 1993 年的形态学研究中，加强了三角龙归类为角龙亚科的论点。

种系发生学

在种系发生学的分类中，三角龙通常作为恐龙定义中的一个参考点。恐龙被定义为三角龙与新鸟亚纲（现代鸟类）的最近共同祖先以及其最近共同祖先的所有后代。而鸟臀目的定义为：所有亲缘关系与三角龙接近，而离现代鸟类较远的拥有共同祖先之物种。

起　　源

很多年来三角龙的起源非常不明确。1922 年，新发现的原角龙被亨利·费尔费尔德·奥斯本（Henry Fairfield Osborn）认为是三角龙的祖先。然而，近年来发现数种与三角龙祖先有关系的物种。发现于 20 世纪 90 年代晚期的祖尼角龙，是角龙下目中已知最早有额角的恐龙。而 2005 年发现的隐龙，是目前已知唯一的侏罗纪角龙下目恐龙。

这些新发现非常重要，并描绘出角龙类恐龙的起源，它们起源于侏罗纪的亚洲，而真正有角的角龙类出现在晚白垩纪之初。三角龙越来越常被认为是角龙亚科的一个成员，三角龙的祖先可能外表类似开角龙，开角龙生存时间早于三角龙约 500 万年。

发现与种

　　第一个被命名为三角龙的标本，是在 1887 年发现于科罗拉多州丹佛市附近，由一个头颅骨顶部，与附着在上面的一对额角所构成。这个标本被交给奥塞内尔·查利斯·马什（Othniel Charles Marsh），他认为该化石的所处地层年代为上新世，而该化石属于一种特别大的北美野牛，因此将它们命名为长角北美野牛（Bison alticornis）。第二年，马什根据一些破碎的化石，发现了有角恐龙的存在，因此建立了角龙属；但他仍认为长角北美野牛是种上新世的哺乳类。直到第三个更完整的角龙类头颅骨出现，才改变他的想法。这个由约翰·贝尔·海彻尔（John Bell Hatcher）在 1888 年于怀俄明州兰斯组发现的标本，起初被叙述成角龙属的另外一个种，但马什经过熟虑之后，他将这个标本命名为三角龙（Triceratops），并将原本的长角北美野牛改归类于角龙的一个种（后来也成为三角龙的一种）。三角龙的结实头颅骨使得许多头颅骨被保存下来，允许科学家们研究不同种与个体间的变化。除了科罗拉多州与怀俄明州之外，随后在美国的蒙大拿州与南达科他州、加拿大的亚伯达省与萨克其万省也发现了三角龙的化石。

　　在三角龙第一次被命名的前十年内，发现了不同的头颅骨，这些骨骸与马什最初命名的恐怖三角龙（T. horridus）头颅骨有或多或少的不同；恐怖三角龙的种名 horridus 在拉丁语中其实意为"凹凸不平的"，意指原型标本的表面凹凸不平，该标本后来被确认为老年个体。这些头颅骨的差异可归类出三种不同尺寸，这些差异来自于不同年龄与性别的差异，以及化石化过程中的不同程度或压力方向。这些不同头颅骨被命名为个别的种，并形成数个系统发生学研究。

　　鲁尔发现这些种可分为 2 个生物群，但他并没有说明如何分辨它们；其中一群由恐怖三角龙、T. prorsus、短角三角龙（T. brevicornus）所构成，另一群由 T. elatus、T. calicornis 所构成。锯齿三角龙（T. serratus）与扇形三角龙（T. flabellatus）则不属于这两个生物群。在 1933 年，鲁尔将之前他与海彻尔、马什先后完成的角龙下目专题论文重新出版，他维持原本的 2 个生物群与 2 个未定种的分

类法，并增加了第三个支系，由钝头三角龙（T. obtusus）与海氏三角龙（T. hatcheri）所构成，特征是非常小的鼻角。恐怖三角龙、T. prorsus 以及短角三角龙所构成的生物群，此时被认为是最传统的支系，头颅骨较大，鼻角较小。而 T. elatus、T. calicornis 所构成的第二个生物群，有大型额角与小型鼻角。查尔斯·斯腾伯格做了些调整，他将宽头三角龙（T. eurycephalus）视为第二与第三个生物群之间的连结，而非恐怖三角龙所属的第一生物群。这个分类法持续用到20世纪80年代与90年代。

不同角龙类的头颅骨代表着单一种（或两个种）之内的个体变化，这个论点在近年来逐渐普及。1986年，奥斯特伦姆与彼得·沃尔赫费尔（Peter Wellnhofer）公布一份研究，他们宣称三角龙属只有一个种，恐怖三角龙。其中一个理由是在一个地区中，通常只存在着单一或两个大型动物群；例如现代非洲的非洲象与长颈鹿。Lehman 在鲁尔与斯腾伯格的支系研究中，加进两性异形与年龄变化，他认为由恐怖三角龙、T. prorsus、短角三角龙所构成的第一个生物群是雌性个体，而 T. elatus、T. calicornis 所构成的第二个生物群是雄性个体，而钝头三角龙与海氏三角龙所构成的第三个生物群是年老的雄性个体。他的理由是雄性个体的体型较高、头角较直、头颅骨较大，而雌性个体的头颅骨较小、头角较短。

数年后，凯萨琳·佛斯特（Catherine Forster）对奥斯特伦姆与沃尔赫费尔的研究提出质疑，佛斯特对三角龙的化石材料做了更广泛地研究，并认为三角龙只有2个种：恐怖三角龙、T. prorsus；而海氏三角龙因拥有独特头颅骨，足以成立新的属，目前已改为海氏双角龙（Diceratops hatcheri）。她发现数个种其实属于恐怖三角龙，而 T. prorsus 与短角三角龙是同一个种；因为有许多种被分类于第一个生物群，佛斯特提出前两个生物群其实分别代表恐怖三角龙与 T. prorsus。但在这个新分类法之下，这两个种仍有可能是两性异形的结果。

虽然三角龙常被描述成群居动物，但目前没有直接证据显示它们为群居动物。但有些角龙类恐龙的发现地点常有数十或数百个个体。明尼苏达科学博物馆的古生物学家 Bruce Erickson 宣称在蒙大拿州海尔河组发现了200个 T. prorsus 的标本。

巴纳姆·布郎（Barnum Brown）则宣称在该处发现了超过 500 个头颅骨。因为在北美洲西部的兰斯组（晚马斯垂克阶，6800 万年前到 6500 万年前）发现了丰富的三角龙牙齿、角状物碎片、头盾碎片以及其他的破碎头颅骨，因此三角龙被认为是该时代的优势草食性动物之一。1986 年，罗伯特·巴克（Robert Bakker）估计在白垩纪末，三角龙的数量占了兰斯组动物群的 5/6。三角龙的头骨较常被发现，而非身体部分，与大部分动物不同。

三角龙是白垩纪—第三纪灭绝事件之前最后出现的角龙类之一。三角龙的近亲双角龙与牛角龙以及远亲纤角龙也生存在同一时期，但它们的化石较少被发现。

齿列与食性

三角龙是草食性动物，因为它们的头部低矮，所以它们可能主要以低高度植被为食，但它们也可能使用头角、喙状嘴、以身体来撞倒较高的植被来食用。三角龙的颚部前端具有长、狭窄的喙状嘴，被认为较适合抓取、拉扯，而非咬合。

三角龙的牙齿排列成齿系（Tooth batteries），每列由 36~40 个牙齿群所构成，上下颚两侧各有 3~5 列牙齿群，牙齿群的牙齿数量依照动物体型而改变。三角龙总共拥有 432~800 颗牙齿，其中只有少部分正在使用，而三角龙的牙齿是不断地生长并取代。这些牙齿以垂直或接近垂直的方向来切割食物。三角龙的众多牙齿，显示它们以体积大的纤维植物为食，其中可能包含棕榈科与苏铁，而其他人员则认为包含草原上的蕨类。

角与头盾

关于三角龙头部装饰物的功能，目前已有许多假设，其中两个主要的理论为战斗与求偶时的展示物，而后者现在被认为极可能是主要功能。

在早期历史中，鲁尔假设这些头盾是作为颚部肌肉附着点使用，可增加肌肉的大小与力量，以协助咀嚼。这个理论被其他研究人员接受了一段时间，但后来的研究并没有发现头盾上有大型肌肉附着点的证据。

长久以来，三角龙被认为可能使用角与头盾，以与类似暴龙的掠食者战斗；这个构想首先由查尔斯·斯腾伯格在 1917 年所提出，而在 70 年后再度由罗伯

特·巴克（Robert Bakker）提出。有证据显示曾有暴龙以三角龙为食，一个三角龙的骨盆上曾发现暴龙的齿痕，以及痊愈的迹象，显示这个伤口是在该动物存活时留下的。

2005 年，BBC 的电视节目《恐龙凶面目》（The Truth About Killer Dinosaurs）之中，节目单位测试三角龙将如何抵抗大型掠食者如暴龙的攻击。为了了解三角龙是否如同现代犀牛般冲撞敌人，节目单位制作了一个人工的三角龙头颅，并以每小时 24 千米的时速撞向模拟的暴龙皮肤。三角龙的额角刺穿的模拟皮肤，但是额角与喙状嘴则无法刺穿，而且头颅的前段断裂。结论是三角龙无法利用冲撞敌人来自我防卫，如果它们遭到攻击时，应该会采取坚守策略，当敌人接近时，使用它们的角来牴刺敌人。

除了将头角用于抵抗掠食者以外，三角龙可能会使用头角互相碰撞。研究显示这种互相碰撞的行为是合理的、可行的，但没有证据显示三角龙拥有这种行为。三角龙与其他角龙科的头颅骨上的疮孔、洞孔、损害以及其他伤口，常被认为是以头角互相战斗造成的伤痕。一个最近的研究则认为没有证据显示这些伤痕是因为打斗而留下的，也没有感染或痊愈的证据。而骨质流失，或不明的骨头疾病，是这些伤痕的来源。

三角龙的大型头盾可能用来增加身体的表面积，以协助调节体温。剑龙的骨板也被推测拥有类似的功能，但这个理论无法解释角龙科不同成员的头盾形状变化。由此显示这些头盾可能具有基本的求偶功能。

头盾与角是两性异形特征的理论，是由 Davitashvili 在 1961 年首次提出，并且逐渐获得更多人的支持。头盾与角在求偶以及其他社会行为上，被视为重要的视觉辨认物；这个理论可从不同角龙类恐龙拥有不同的装饰物而得到证实。而现代拥有角状物或装饰物的动物，也将它们作为视觉辨识物使用。最近，一个对于最小型三角龙头颅骨的研究，确定该头颅骨属于一个幼年体，并显示头盾与角是在年纪非常小的时期开始发展，早于性发育，因此三角龙的头盾与角可能作为视觉辨认物使用。而该幼体化石的大型眼睛与较短的头盾与角，也显示三角龙的亲代具有亲代养育的行为。

牛 角 龙

牛角龙为白垩纪晚期的草食性恐龙，生活于海岸平原，可能利用强有力的喙嘴来大啖坚韧的植物。一般认为牛角龙也有色彩鲜艳的冠饰，用于求偶与阶级斗争。牛角龙长 8 米，重 8 吨，其头骨是陆上动物有史以来最大的。

当牛角龙低下巨大的脑袋时，它那其为壮观的头盾就竖了起来，使得这家伙显得更为庞大。这个时候，从远远的地方就可以看见它。这种庞然大物身长和大象一样，体重超过五头犀牛的重量。它靠 4 条腿行走，以低矮植物为生。尽管牛角龙的头骨是人的 13 倍，但它的大脑却很小。不过，由于它那蔚为壮观的头盾，眼睛上面的 2 只大尖角，以及头端部的 1 只小角，这些装备加起来，即使是与最庞大的肉食恐龙较量，牛角龙也显得毫不逊色。当与对手面对面撞上而谁也不愿意示弱退让时，牛角龙就会先是左右摇摆它那巨大的脑袋吓唬对方，接着就又开 2 只前腿站稳。最后 2 只恐龙就把角抵在一起了，然后开始进行力量的较量。

河 神 龙

河神龙（学名 Achelousaurus），又名阿奇洛龙，是尖角龙亚科下的一个属，生活在下白垩纪的北美洲。它是四足的草食性恐龙，有着像鹦鹉的喙，在鼻端及眼睛背后有隆起的部分，在颈的绉边末端有 2 只角。河神龙属于中型的角龙，身长约有 6 米。

河神龙属及其下的唯一一种（河神龙，学名 A. horneri）都是由古生物学家史考特·山普森于 1996 年所命名。河神龙的学名是为纪念著名的美国古生物学家杰克·霍纳（Jack Horner）在蒙大拿州发现这种恐龙而命名的。河神龙属的名字则是参考了希腊神话。阿克洛奥斯（Achelous）是古希腊的河神，他的一只角被英雄海格力斯所割断。现时所知的 3 个河神龙头颅骨都在同一位置上有隆起的部分，因其他角龙在该位置都是角，仿佛它的角被拔掉一样。阿克洛奥斯另一被称颂的是他那改变外形的能力，河神龙就好像是其他角龙特征的混合体。早期研究认为河神龙是有着改良了角的角龙（如野牛龙）及没有角的厚鼻龙之间的进化形态。但是，它们可能或不可能是同一血统，而这 3 个品种最少是近亲。所以它们同被分类在角龙科下尖角龙亚科的厚鼻龙族中。

河神龙是在美国的蒙大拿州被发现。化石位于吐·迈迪逊地层中，估计是在上白垩纪的坎帕阶，8300 万～7400 万年前。河神龙是在地层的最表面发现，相信接近这个时段的结束。其他在此地层发现的恐龙包括有惧龙、斑比盗龙、包头龙、慈母龙及野牛龙。

科学家至今只从吐·迈迪逊地层发现了 3 个河神龙的头颅骨及一些颅下骨，所有标本都存放在波兹曼的落基山博物馆。

独 角 龙

独角龙又名尖角龙，生存于 8000 万年前的白垩纪晚期，属于角龙类头饰龙亚目。它有 6 米长，1.8 米高，它的体重是 3 吨，辨认独角龙的要诀就是它的鼻骨上方有 1 个角。在独角龙的脖子上有一贯骨质颈盾向后方生长，科学家认为这个颈盾大概是地位的象征。独角龙有强壮的颈部和肩部，它们的颈椎紧锁在一起，有极强的耐受力。它的个体比原角龙大，也有像鹦鹉一样的嘴，其生活习性与原角龙相似。

独角龙属名 Monoclonius 意为"单一的根部"，指的是牙齿只有 1 个齿根。独角龙是种角龙下目恐龙，是由爱德华·德林克·科普在 1876 年所命名，发现于加拿大蒙大拿州的朱迪斯河组，年代为晚白垩纪。独角龙常与尖角龙产生混淆，有些人员认为它们属于同一种生物的不同性别或年龄。

独角龙是爱德华·德林克·科普所命名的第三种角龙类恐龙，前两者为奇迹龙与大师龙，但其中只有独角龙仍被视为是有效属。模式标本是在1876年夏季发现于蒙大拿州，与当年6月发生的小大角河战役发生地点，相距约100千米。虽然该标本并非处于天然的状态，科普将大部分骨骸挖出，包含头骨材料与鼻角基部，只缺乏脚掌部位。但因为当时缺乏角龙类恐龙的资料，科普并不清楚这些头骨与鼻角的真实面目。

1889年，奥塞内尔·查利斯·马什命名了三角龙属，科普继而重新检验独角龙的标本。在科普命名厚独角龙的同一份研究中，他另外命名了3个新的独角龙的种。科普提出独角龙有个大型的鼻角，眼睛上方有2个较小型的额角，头顶后方有大型头盾，上有宽广的开孔。

稍后，马什的耶鲁大学工作团队中的约翰·贝尔·海彻尔，在马什死后接下了角龙科的专题论文工作，并提及了科普的研究方法。科普鲜少在挖掘现场鉴识标本，经常以多个化石材料所拼凑的骨架来鉴定，而非单一个体的化石。海彻尔重新研究厚独角龙的模式标本，但头骨材料中，海彻尔唯一可确定属于独角龙的只有顶骨，并发现科普所称的鳞状骨与额角不能确定是否属于独角龙。

亚伯达角龙

亚伯达角龙是尖角龙亚科恐龙的一个属，化石发现于加拿大亚伯达省的老人组，以及美国蒙大拿州的朱迪斯河组，地质年代属于白垩纪晚期的坎潘阶中期。

亚伯达角龙在2001年8月，发现第一个完整的头部化石，以及颅后身体的碎片。亚伯达角龙的独特处在于同时拥有长额角与尖角龙亚科的头盾，而传统的尖角龙亚科只拥有短额角。鼻部上方有一个骨质棱脊，头盾后方有2个向外方的大型钩角。Michael J. Ryan的亲缘分支分类法研究显示，亚伯达角龙是最基础的尖角龙亚科恐龙。Michael J. Ryan 是亚伯达角龙的发现者,目前在克里夫兰自然历史博物馆工作。

在被正式叙述之前,亚伯达角龙被称为"Medusaceratops",这个名称来自于 Ryan 的 2003 年论文。而种名 Nesmoi 是以迈尼贝里市的牧场工人 CecilNesmo 为名,他曾协助过这次挖掘活动;迈尼贝里市是个人口少于 100 人的小镇,位于梅迪辛哈特市南方 71 千米。

短角龙

短角龙是角龙科下的一属草食性恐龙,生活于上白垩纪。它的化石在加拿大的艾伯塔省及美国的蒙大拿州被发现。

蒙大拿短角龙是短角龙的模式种,在蒙大拿州黑脚印地安保留区的双麦迪逊组(约 7400 万年前)发现的稀有恐龙。它是由查尔斯·怀特尼·吉尔摩尔于 1914 年所描述。由于短角龙的化石是 5 头幼龙,而吉尔摩尔亦在 1 英里(1 英里=1609.344 米)外发现另一头接近成年的标本(他认为是同一物种),短角龙有可能其实是已知角龙亚科的未成年样式。这些化石现被存放在华盛顿的史密森尼博物院。

在这 5 个标本中,只有 1 个头颅骨,且是与其身体分离,都为碎片。另外,该头颅骨的眼睛上有小型的隆起,并不像三角龙般有额角。它的鼻角厚而且低。它的颈部头盾一般的大,但是其化石标本却不完整,这很难确定那里是否有孔洞。

短角龙属于角龙下目,角龙下目恐龙是群草食性恐龙,拥有类似鹦鹉的喙状嘴,生存于白垩纪的北美洲与亚洲。所有的角龙类恐龙在白垩纪末期灭绝。

如同所有角龙类恐龙,短角龙是草食性。在白垩纪期间,开花植物的地理范围有限,所以短角龙可能以当时的优势植物为食,例如:蕨类、苏铁、针叶树。它们可能使用锐利的喙状嘴咬下树叶或针叶。

戟　龙

　　戟龙又名刺盾角龙，在希腊文意为"有尖刺的蜥蜴"，是草食性角龙下目恐龙的一属，生存于白垩纪坎潘阶，约7650万到7500万年前。戟龙的头盾延伸出6个长角，两颊各有1个较小的角，以及1个从鼻部延伸出的角，这个单独的角约60厘米长、15厘米宽。这些角状物与头盾的功能已经争论很多年了。

　　戟龙是种大型恐龙，身长5.5米，高约1.8米，重约3吨。戟龙拥有短四肢，以及笨重的身体。戟龙的尾巴相当短。它们有喙状嘴，以及平坦的颊齿，显示它们是草食性恐龙。如同其他角龙类，戟龙可能是群居动物，以大群体方式迁徙，这理论从化石可以透露出来。

　　戟龙是由劳伦斯·赖博在1913年命名，是尖角龙亚科的成员。戟龙已知有3个种：埃布尔达戟龙、卵圆戟龙、帕克氏戟龙，但最后一种常被认为是埃布尔达戟龙的异名。其他曾被列入戟龙的种已经改列为其他属。

　　戟龙与人类的体型相比戟龙的成年个体身长约5.5米，重达2.7吨。头颅非常巨大，拥有大型鼻孔，原型标本鼻部上高大的角有50厘米长，头盾上有4到6个尖角，数量依物种而不同。头盾上4个最长的角，每个几乎跟鼻部的角一样长，约50到55厘米。戟龙头盾的较低部分有较小的角，类似尖角龙头盾上的小角，但较小。如同大部分角龙科恐龙，戟龙头盾上有大型窝窗。嘴部前方是缺乏牙齿的喙状嘴。戟龙眼睛上方有微小、未发展的眉角。

　　戟龙的庞大体型类似犀牛的体型。戟龙的强壮肩膀用在在物种内的打斗中。戟龙有相当短的尾巴。每个脚趾有蹄状爪，由角质包覆。臀部有10节愈合的荐椎，数量超过其他恐龙（不包含鸟类）。

　　戟龙以及角龙科恐龙的四肢姿势有过不同的假设，包括前肢直立于身体之下，或是前肢呈现往两侧伸展姿势。最近的研究提出戟龙最有可能采取两种说法中间的蹲伏姿势。古生物学家格里高利·保罗，以及丹麦哥本哈根大学动物博物馆的佩尔·克里斯坦森，基于角龙类的非两侧伸展式足迹，提出大型角龙类如戟龙能够以大象的方式奔跑。

　　戟龙是尖角龙亚科的成员，尖角龙亚科的特征是突出的鼻角、次等大小的额角、短头盾与短鳞骨、高大的脸部以及往后方辐射的鼻部窝窗。尖角龙亚科演化支的其他成员有：尖角龙、厚鼻龙、爱氏角龙、野牛龙、埃布尔达角龙、河神龙、短角龙以及独角龙，但最后两个是疑名。因为尖角龙亚科不同种、甚至不同个体的差异性，所以一直有争论哪些属、种是有效的；尤其是尖角龙与独角龙是否有效属，还是不同性别的成员。在1996年，彼得·达德森发现尖角龙、戟龙、独角龙之间有足够的差异性可成立独立的属，而戟龙与尖角龙的关系较亲近，而离独角龙关系较远。达德森认为独角龙中的 M. nasicornis 可能是雌性戟龙。他的论点只有部分人采纳，其他研究人员并不接受 M. nasicornis 是雌性戟龙的观点，或独角龙为有效属。较早的角龙类恐龙原角龙被假设为两性异形，但没有证据显示角龙科恐龙为两性异形。

　　戟龙的演化起源因为早期角龙下目恐龙的化石非常稀少，所以很多年来无法确定。在1922年发现的原角龙，稍微显示出与早期角龙科恐龙的关系。在90年代晚期发现的祖尼角龙，是已知第一种有额角的角龙下目恐龙。而隐龙是已知第一种侏罗纪角龙下目恐龙。这些新发现非常重要，并描绘出角龙类恐龙的起源，它们起源于侏罗纪的亚洲，而真正有角的角龙类出现在晚白垩纪之初。

　　戟龙戟龙与其他角龙类常在大众读物中以群居动物的形象出现。在埃布尔达省恐龙公园组发现了2个戟龙的尸骨层。这些尸骨层由不同形式的河相沉积层所构成。证据显示这个环境当时是季节性干旱或半干旱环境，所以这些大量死亡的戟龙可能是非群居动物，而在干旱时期聚集到水坑中。

　　戟龙的相关信息比它们的近亲尖角龙还多，显示戟龙在环境改变的时候取代了尖角龙。

　　戟龙是草食性恐龙；因为它们的头部高度，戟龙可能主要以低高度植被为食。然而，它们也可能用头角、喙状嘴以及身体，撞倒较高的植物。戟龙的颚部前端具有纵深、狭窄的喙状嘴，被认为较适合抓取、拉扯，而非咬合。

　　角龙科的牙齿排列成齿系。在上方的较老牙齿被下方的年轻牙齿所取代；这个取代方式在动物的一生中不断地进行。角龙科的齿系是用来切割，而鸭嘴龙科的齿系是用来磨碎。有些科学家认为角龙科是以棕榈科或苏铁为食，而其他科学家则认为它们以蕨类为食。达德森则假设晚白垩纪的角龙类撞倒开花植物，并以它们的树叶与树枝为食。

戟龙戟龙的大型鼻角与头盾，是恐龙之中最特殊的面部装饰物之一。自从首次被发现有角恐龙之后，它们的角与头盾功能长久以来都是争论的主题之一。

在 20 世纪早期，古生物学家 RichardSwannLull 提出一个假设，他认为角龙类的头盾是用来提供颚部肌肉的附着点。他稍后注意到戟龙头盾上的尖刺，使它们看起来较为恐怖。1996 年，达德森支持 Lull 的肌肉附着点理论，并制作了戟龙与开角龙头盾的可能肌肉附着点图示，但他并不赞同头盾的窝孔充满了颚部肌肉。然而，C．A．Forster 则认为没有证据显示这些头盾上有大型肌肉附着点。

长久以来，角龙类恐龙被认为使用它们的角与头盾来抵抗同时代的大型掠食者恐龙。角龙科头颅骨上的凹洞与其他损伤，常被认为是打斗所造成的伤害，然而 2006 年的一个研究则认为没有证据可以显示这些伤痕是因为打斗而留下的，也没有感染或复原的痕迹。而骨质流失、或不明的骨头病理，被认为是这些凹洞与损伤的成因。

戟龙与其近亲的大型头盾也有可能有助于增加身体的表面积，以利调节体温，如同大象的耳朵。另一个类似的理论也认为剑龙的骨板具有体温调节功能，但这些理论并没有考虑角龙科不同成员的头盾，所拥有的不同变化性。

在 1961 年，Davitashvili 首次提出这些头盾是作为求偶展示物的理论，而这个理论获得越来越多赞同。不同种的有角恐龙，拥有不同形状的装饰物，这个证据支持了头盾作为求偶或其他社会行为的视觉辨识物。此外，现代拥有角状物或装饰物的动物，也将它们作为视觉辨识物使用。

野 牛 龙

野牛龙是角龙科下的中型恐龙，属于角龙亚科，其化石在美国蒙大拿州的双麦迪逊组发现，年代为上白垩纪，约为 7500 万年前。属名是阿尔冈昆语"野牛"与古希腊文"蜥蜴"的意思，而种小名则是拉丁文及古希腊文"向前弯的角"的

意思。

野牛龙的化石只有在美国蒙大拿州被发现，所有已知的化石现都存放在蒙大拿州落基山博物馆。目前已发现最少有 15 头不同年龄的野牛龙化石，包含 3 个头颅骨，以及发现于 2 个低密度尸骨层的上百件骨头。这些化石都是由杰克·霍纳于 1985 年发现，并由落基山博物馆的挖掘队伍在之后 4 年间陆续挖出的。这些尸骨层原先被认为包括了戟龙的新种化石。

野牛龙是于 1995 年由史考特·山普森正式描述及命名，他也把相同尸骨层的其他化石命名为河神龙。野牛龙是草食性恐龙，身长估计可达 6 米长。野牛龙通常被描绘成有一个低矮、大幅向前弯的鼻角模样，就像一个开瓶器，不过这个角可能只在成体中才有。野牛龙与有明显额角的角龙科（如三角龙）不同，它的额角是低、圆形的。在较小型的头盾顶端有 1 对大的尖角伸向背部。

低密度的尸骨层代表有群体动物在灾难（如旱灾或洪水）中集体死去。这证实了野牛龙及其他的尖角龙亚科（如厚鼻龙及尖角龙）都是群居的动物，就像现今的美洲野牛或角马。相反的，开角龙亚科（如三角龙及牛角龙）通常被发现的是单独的化石，因此它们被认为是独居的动物，不过有足迹化石推翻这种假说。就像其他的角龙科，它有复杂的齿系可以咬碎最粗糙的植物。

野牛龙的化石发现于蒙大拿州的双麦迪逊组，地质年代为白垩纪晚期的坎潘阶中晚期，7500 万 ~7000 万年前。同期的恐龙包括：基础鸟脚下目的奔山龙、鸭嘴龙科的亚冠龙、慈母龙及原栉龙、甲龙科的埃德蒙顿甲龙及包头龙、暴龙科的惧龙，以及小型的兽脚亚目斑比盗龙、纤手龙及伤齿龙，反鸟总目的 Avisaurus，及角龙科的短角龙及河神龙。野牛龙生活于温暖及半干燥的季节性环境。其他与野牛龙一同发现的化石包括有双壳纲及腹足纲，野牛龙的骨头被认为是埋在浅湖之中的。

野牛龙在尖角龙亚科中的种系发生学位置有些争议，这是由于野牛龙头颅骨有几个过渡性的特征，它们的最近亲应为尖角龙及戟龙，或是河神龙及厚鼻龙。后来有假说指出野牛龙是厚鼻龙族演化过程中的最早期物种，其后为河神龙及厚鼻龙，鼻角逐渐演化成圆形隆起，而头盾亦发展得更为复杂。不论哪一个假说是正确的，野牛龙似乎是在尖角龙亚科演化的中间位置。

厚 鼻 龙

厚鼻龙意为"有厚鼻的蜥蜴"，是鸟臀目角龙下目恐龙的一属，生存于晚白垩纪的北美洲。第一个标本由查尔斯·斯腾伯格在 1950 年于加拿大亚伯达省发现，并在 1950 年命名。目前已在亚伯达省与阿拉斯加州发现 12 个部分头颅骨。这群大量的化石直到 20 世纪 80 年代才开始研究，引起大众对于厚鼻龙的兴趣。

厚鼻龙头颅骨的鼻部上有巨大、平坦的隆起物，而非角状物。这些隆起可能用来推撞对手、如同麝牛。头盾后方有 1 对角往上方延伸、生长。厚鼻龙头盾的形状与大小随者个体而不同，可能是性别差异或其他因素。与厚鼻龙亲缘关系最接近的是河神龙。

厚鼻龙身长约 8 米，重约 4 吨。它们是草食性恐龙，拥有强壮的颊齿，可协助咀嚼坚硬、富含纤维构成的植物。

拉库斯塔厚鼻龙的颅骨模式种是加拿大厚鼻龙，是在 1950 年由查尔斯·斯腾伯格命名。

1972 年，AlLakusta 在亚伯达省烟斗石溪河畔发现一个大型尸骨层。在加拿大皇家蒂勒尔博物馆的协助下，该地在 1986—1989 年进行挖掘，古生物学家发现大群密集的骨头，每平方米有 100 个骨头，总共约有 3500 个骨头，与 14 个头颅骨。这个有高死亡率的地点，可能是因为动物在横越河流时碰到洪水。在这群化石中，发现了 4 个明显的年龄层，从幼年体到完全成长的个体，显示厚鼻龙有照顾后代的行为。

成年体的头颅同时有隆起与凹处，眼睛后方的顶骨有独角兽般的长角。凹面可能与侵蚀有关联，而非性别差异。2008 年，菲力·柯尔、WannLangston、DarrenTanke 提出一份详尽的专题论文，叙述这些出土于烟斗石溪河畔的厚鼻龙，将它们列为第二个种拉库斯塔厚鼻龙，以发现者为名。

开 角 龙

开角龙，又名加斯莫龙、隙龙、裂头龙或裂角龙，是一属角龙科恐龙，生活于上白垩纪的北美洲。它的学名意思是"空隙蜥蜴"，是从其头盾的大孔洞而取的。它最初被称为原牛角龙，但这个名字在之前已由其他动物所拥有。在角龙科中，开角龙是属于中等体型的恐龙，有 5~6 米长及 3.6 吨重。就像所有角龙科一样，它是纯草食性动物。

斯腾伯格处理贝氏开角龙的头骨，1914 年所摄在 1898 岩，加拿大地质调查局的劳伦斯·赖博发现了一个部分颈盾，他将这个化石归类于独角龙的一种，贝氏独角龙。

1913 年，查尔斯·斯腾伯格及他的儿子们在加拿大艾伯塔省发现贝氏独角龙的几个完整头颅骨。最后于 1914 年，劳伦斯·赖博研究这些头颅骨，并建立为开角龙属。之后有更多的开角龙头颅骨与化石被发现，而彼此之间亦有些形态差别，尤其是颅骨。

开角龙已知有几个物种。除了模式种的贝氏开角龙，同年还命名了加拿大开角龙。后者曾被改归类为加拿大始角龙，但后来被重新归类于开角龙内。在 1926 年，一个短鼻端的头颅骨被命名为短喙开角龙。1940 年，斯腾伯格将从艾伯塔省西南部发现的化石，命名为罗氏开角龙。最近期描述的物种则是尔文开角龙，是发现于恐龙公园组的最上层。

于 1989 年在美国得克萨斯州发现的马里斯科尔开角龙，现已被各别建立为阿古哈角龙。

于多伦多皇家安大略博物馆展出的贝氏开角龙头颅骨贝氏开角龙的骨架，位于皇家安大略博物馆角龙科分为两个亚科：有着短小头盾的尖角龙亚科（如尖角龙），及有着长头盾的开角龙亚科（如开角龙）。除了头盾较大及长外，开角龙亚科的面部及嘴部通常较长，有古生物学家指出它们进食时可以有较大的植物选择权。长头盾是恐龙演化的较后阶段才出现的特征，但开角龙的生存年代却是距今 7600 万到 7000 万年前的上白垩纪。开角龙的头盾被形容成心形的，因它的头盾结构中央包含两块大洞孔，外型有如"循环"。

有些开角龙的头盾上有一些小型的颈盾缘骨突，自头盾边缘延伸出。头盾的颜色可能是很鲜艳的，用以吸引注意或作为求偶。但是，由于它的头盾很大且薄（因它主要是骨骼间的皮肤），故很难提供防卫的功能。它有可能是用作调节体温。当一群开角龙被捕猎时，如暴龙攻击时，雄性开角龙可能会组成一个环，并以头盾向外，形成了一度可怕的阵势。

如同很多的角龙科，开角龙有 3 只主要的角，1 只在鼻端及 2 只在额，但不同的化石发现形成了不同的结果。一种命名为 C. kaiseni 的开角龙，有着长的额角；而贝氏开角龙却只有短的额角。虽然它们最初都被认为是不同的物种，但有可能长额角的是雄性，而短额角的是雌性。

开角龙的想象图有趣的是，古生物学家发现一些化石化的开角龙皮肤。这皮肤上有着很多骨质的结节（皮内成骨），在每边有 5~6 个。不过从这个标本中却没办法知道更多开角龙的资料，尤其是它的颜色。

无鼻角龙

无鼻角龙是角龙亚科下的一个属，拉丁文属名 Arrhinoceratops 意即"无鼻有角的面"。最初命名者认为这种动物没有鼻角，但后来的研究发现了短鼻角。它生活在上白垩纪的麦斯特里希特阶，与准角龙相同的时期，较它的近亲三角龙早几百万年。它的化石是在加拿大被发现的。

小脸无鼻角龙的头骨。位于皇家安大略博物馆无鼻角龙的化石是一个部分被压碎、轻微扭曲的头颅骨，是于 1923 年由多伦多大学的挖掘团队在艾伯塔省的红鹿河附近发现的，当地属于马蹄铁峡谷组。1925 年，由威廉·帕克斯所发表、命名。

目前只有一个种，称为小脸无鼻角龙。其他从犹他州发现的化石，曾于 1946 年被命名为犹他无鼻角龙，但目前被改归类于牛角龙。

无鼻角龙是属于角龙亚科之内，这是一类草食性恐龙，有着像鹦鹉的喙状嘴，生存于白垩纪的北美洲与亚洲。所有的角龙类恐龙在白垩纪末期灭绝。无鼻角龙与牛角龙似乎是近亲。

无鼻角龙头部的描绘由于无鼻角龙只有其头颅骨，科学家对于整体的构造所知甚少。头颅骨有着宽阔的颈部头盾，其上有 2 个椭圆形的开口。它的额角长度中等，但它的鼻角则较大部分角龙下目短及钝。它的身体被假设是与角龙下目相似，根据头颅骨的大小，无鼻角龙的身长估计有 6 米。

就像其他角龙下目一样，无鼻角龙是草食性动物。在白垩纪时期，显花植物的地理范围有限，所以无鼻角龙可能以当时的优势植物为食，例如蕨类、苏铁科及松科。它们可能是用那锋利的喙状嘴来咬碎叶子的。

准 角 龙

准角龙，是角龙亚科下的一个属，生活于上白垩纪的北美洲西部。它是四足的草食性恐龙，脸部有三只角、鹦鹉般的喙状嘴，头后有长的头盾。在眼睛上方的两只额角较鼻角为长。准角龙约有 6 米长。准角龙的头盾非常独特，呈长方形，边缘有大型三角形颈盾缘骨突，以及比五角龙与牛角龙较小型的洞孔。另一个特征是在身体中线的两边有一对骨节，接近头盾的末端。

准角龙的头骨，位于堪培拉国立恐龙博物馆。1914 年，美国古生物学家巴纳姆·布郎建立准角龙属，他认为准角龙是一种过渡性物种，与独角龙及三角龙有关，是它们之间的中间型生物。

目前只有一个有效种，称为华丽准角龙，种名意指其边缘多角的头盾。另一个种被称为长喙准角龙，是在 1929 年建立，但这个种已被普遍认为是华丽准角龙的次异名。

1912 年，准角龙的第一个化石是在加拿大艾伯塔省的红鹿河附近被发现，由巴纳姆·布郎率领的挖掘团队所发现。正模标本是头颅骨的后半部，也包括长头盾；此外，还发现几块其他的部分颅骨，目前都存放于纽约的美国自然历史博物馆。1924 年，一个完整的头颅骨被发现，并于 5 年后被命名为长喙准角龙。另一个标本于 1925 年被发现，虽然没有了头颅骨，但却是最为完整的骨骼，包括有完整的脊柱直至尾巴末端的脊椎。这个标本存放于渥太华的加拿大自然博物馆。之后还发现其他化石，包括了在艾伯塔省的一二个骨床，但当中很少化石是属于准角龙的。

准角龙的头盾非常独特。头盾是呈长方形，边缘有大型的三角形颈盾缘骨突，以及比五角龙与牛角龙较小型的洞孔。另一个特征是在身体中线的两边有 1 对骨节，接近头盾的末端。

大部分准角龙化石都是在艾伯塔省的马蹄峡谷组被发现，被认为是属于上白垩纪的麦斯特里希特阶早期，距今 7400 万 ~ 7000 万年前。在美国怀俄明州的阿荣德地层也发现类似准角龙的头盾碎片，年代也属于马斯特里赫特阶早期。但是在恐龙公园组亦有发现有准角龙特征的头盾碎片，被估计是属于较早的坎帕阶末期（7800 万 ~ 7400 万年前）。这代表有比华丽准角龙更早的化石纪录，甚或是另一个相关的物种。

相较于相同地区的其他角龙科恐龙，准角龙的数量相当少见，而马蹄峡谷组及恐龙公园组的化石都是在近海的沉积层发现的。这显示准角龙可能是生活在没有其他角龙科的河口地区。在白垩纪末期，有花植物开始普遍，但数量仍较少，所以角龙类可能以当时最普遍的松科、苏铁科及蕨类植物为主要食物。

一个较小型的头颅骨原先被建立为第二个种，长喙准角龙，这是根据其大小、比例较长的口鼻部以及较短且向前弯（而非向上）的角。但是有古生物学家发现这个头颅骨可以视为华丽准角龙的变异个体，所以它可能是属于同一种。

有研究认为准角龙是两性异形的种，而长喙准角龙其实是一头雌性。其他准角龙的头颅骨都是较大及短，口鼻部较粗，角较长及向上弯曲，这可能就是雄性特征。两性异形在其他属中亦可见，如较为显著的有三角龙、牛角龙及五角龙；较不明显的有开角龙。原始角龙下目的原角龙亦有着两性异形的特征。

双 角 龙

双角龙是角龙亚科恐龙的一属，是种草食性恐龙，生活于上白垩纪的北美洲。它的化石是 1 具保存较差的头颅骨，是在 1905 年发现于怀俄明州的兰斯组。许多年来，双角龙曾被认为是三角龙的一种，但 1996 年的一个研究认为双角龙是一个独立的属。双角龙的学名曾先后为 Diceratops、Diceratus，但都被其他动物所使用。2007 年，双角龙被改名为 Nedoceratops。

双角龙最初被命名为 Diceratops，意为"两只角的面孔"，但这名称已被一种膜翅目动物先使用。2008 年，奥克塔维奥·马特乌斯等人将其学名改为 Diceratus。但是在 2007 年，A. S. Ukrainsky 就已注意到双角龙的命名问题，于是将它们改名为 Nedoceratops，意为"不足够的有角面孔"，意指它们缺乏鼻角。由于 Ukrainsky 的改名时间较早，具有优先权，而 Diceratops、Diceratus 都成为次异名。

海氏双角龙的头颅骨描述、命名双角龙的文献，是奥塞内尔·查利斯·马什所著的角龙科专题论文的一部分。但不幸的是马什在 1899 年去世，没有完成此专题论文，约翰·贝尔·海彻尔则协助完成有关三角龙的部分。但是海彻尔也在 1904 年死于斑疹伤寒，终年 42 岁，有关的部分仍然未完成。于是理查·史旺·鲁尔在 1905 年完成这个专题论文，并发表了海彻尔对该头颅骨的描述，并命名为海氏双角龙。

由于双角龙的描述是由海彻尔所著的，而鲁尔只是负责命名及出版的。他本人并不怎么认同双角龙的独特性，认为它其实是病变个体。直至 1933 年，鲁尔改变了他对双角龙的想法，他将双角龙分类成三角龙属下的亚属，并认为海氏三角龙及钝头三角龙的差异是因年老所致。

双角龙的化石只有 1 具头颅骨，如同海彻尔所研究的其他三角龙头颅骨，都是在美国怀俄明州东部发现的。表面上，双角龙类似三角龙，但详细研究下发现它有一些奇特的地方。它的鼻端上（三角龙鼻角的位置）只有 1 个圆隆起部，而枕骨上的额角几乎是笔直的。与其他三角龙头颅骨比较，双角龙的头颅骨较大，但面部较短。不像三角龙，双角龙的头盾有大型洞孔。它们有一些特征可能是因病变所致，但另外一些却有可能是遗传的特征。有几个学者都认为双角龙可能是三角龙的直接祖先，或是最近的近亲。

甲龙类恐龙

出现于1亿2500万年前，并且在6500万年前的白垩纪——第三纪灭绝事件中灭绝。甲龙是四足行走的鸟臀类恐龙。它们最显著的外部特征是全身除腹部以外均被发达的骨甲覆盖。甲龙科恐龙化石发现于北美洲、欧洲以及东亚，但很少有保存良好的标本，大部分只发现骨头碎片。

雪松甲龙

雪松甲龙是已知最原始的甲龙科恐龙，它的头颅骨化石是在北美洲的下白垩纪地层发现。这个头颅骨缺少了被认为是甲龙科的祖征的头盖装饰物。

它的模式种是圣经雪松甲龙。属名意为"雪松山的装甲"，是以发现化石的雪松山组为名；而种名则是按其发现者 Sue Ann Bilbey 及 Evan Hall 而来的。

所有被归类于雪松甲龙的化石，都是在雪松山组的 Ruby Ranch 段发现的。放射性测定发现该位点是属于阿尔布阶的。

叙述在 2001 年，肯尼思·卡彭特等人提出雪松山龙的鉴定特征：翼骨延长，尾外侧有滑车形的骨突、前上颌骨有 6 颗圆锥状牙齿、笔直的坐骨。前上颌骨的牙齿是一种特征，因为这也在其他原始的鸟臀目中发现。相反的，眼窝后的侧颞孔闭合，是甲龙科的衍征。

已发现的 2 个头颅骨，长度估计为 60 厘米。其中一个头颅骨是非天然状态的。这是古生物学家第一次可以研究的甲龙科头骨。

正模标本在 2001 年，肯尼思·卡彭特等人将编号 CEUM 12360 的化石定为圣经雪松甲龙的正模标本。CEUM 12360 标本包含了一个不完整、但天然状态的头颅骨，缺乏口鼻部及下颌。他们亦将其他骨头列为副模标本，即一些独立的骨头都编入圣经雪松甲龙之内。

圣经雪松甲龙被认为与中国的戈壁龙及蒙古的沙漠龙有着接近亲缘关系，它们都被分类在甲龙科中。但近年有研究指雪松甲龙属是结节龙科的最原始物种，是爪爪龙、林木龙及楯甲龙的最近亲。但是新骨骼的发现确认了雪松甲龙是最原始的甲龙科。

漂泊甲龙

漂泊甲龙是种鸟臀目甲龙下目恐龙，化石发现于加州南部。

属名意为"漂泊的盾甲"，因为本·卡斯勒提出这些化石因为半岛山脉地体北上移动，而被带离原本的地点。种名则是以古生物学家 WalterP. Coombs. Jr. 为名，以纪念他多年来对于甲龙类的研究贡献。

漂泊甲龙是种中型甲龙科恐龙，身长估计约为 6 米。化石是一个部分骨骼（编号 SDNHM339），包含股骨、胫骨、腓骨、不完整的肩胛骨、肱骨、尺骨、左右坐骨、脊椎、肋骨、至少 60 个不相连的骨盆部位装甲、8 颗牙齿。这些化石发现于加州卡尔斯巴德附近的海相诺马角组，年代为白垩纪晚期的上坎潘阶。这只恐龙的尸体可能被冲刷入海洋中，并在海底成为小型沙礁。漂泊甲龙因为它们的甲板形状与排列方式，而被归类于甲龙科。

戈 壁 龙

戈壁龙是甲龙科的一个属，化石于中国的乌梁素组中被发现，年代属于下白垩纪（阿普第阶至阿尔布阶）。正模标本包含了一个头颅骨及一些自今仍未描述的颅后骨。戈壁龙与它的姊妹分类沙漠龙一同被归类于甲龙科，但不属于甲龙亚目。戈壁龙是大型的甲龙科，头颅骨有 46 厘米长及 45 厘米宽。它的学名是以化石发现地的蒙古戈壁沙漠来命名的。戈壁龙只有一个物种，就是 G. domoculus。

戈壁龙的头颅骨与沙漠龙有着很多相似的地方，包括有圆的鳞状骨、大椭圆形眼窝孔、大型外鼻孔、三角的狭窄喙嘴、突起的方颧骨、及往后侧向的副枕突等。但这 2 个分类因上颌齿列的不同长度来区分；戈壁龙有未固定的基翼突，并有延长的犁骨前上颌骨突起；沙漠龙头盖骨上有沟痕，戈壁龙没有。

牛头怪甲龙

牛头怪甲龙又名牛头怪龙，是甲龙科的一属，生存于白垩纪晚期，约 7000 万年前。

牛头怪甲龙的化石是一个完整的头骨，发现于蒙古戈壁沙漠。牛头怪甲龙的头骨外形类似具有骨甲的牛头。脑壳相当原始，具有甲龙科的典型特征。牛头怪甲龙是由 Clifford A. Miles 与 Clark J. Miles 命名。属名意为"牛头人蜥蜴"；种名则是 Vilayanur S. Ramachandran 为名，他从日本商人那是买下这些化石，并且交给科学家研究。

怪 嘴 龙

怪嘴龙又名承溜口龙，是已发现较完整化石的甲龙科恐龙中生存年代最早的物种。它的头颅骨长约 29 厘米，身体全长有 3 ~ 4 米，它的体重约有 1 吨。正模标本是在美国怀俄明州奥尔巴尼县的莫里逊组中被发现的，地质年代属于侏罗纪晚期。第二早期的甲龙科是澳洲昆士兰州的敏迷龙，年代为下白垩纪的阿普第阶。

模式种是 G. parkpinorum，是由肯尼思·卡彭特（Kenneth Carpenter）在 1998 年命名，当时为 G. parkpini。属名意思是"滴水嘴兽蜥蜴"。一个怪嘴龙的骨架模型，正在丹佛自然科学博物馆展示中。

北美洲古生物博物馆怪嘴龙的正模标本是于 1996 年挖掘的，目前在科罗拉多州丹佛的丹佛自然历史博物馆展览。除了正模标本以外，还发现 2 个部分骨骼，但尚未研究。这些标本包含了大部分的头颅骨及部分颅后骨。它原先于 1998 年被命名为 G. parkpini，但却后来于 2001 年根据国际动物命名法规被更名为 G. parkpinorum。

大部分头颅骨及骨骼已被发现，而怪嘴龙的头颅骨包括有明显的三角方颧骨及鳞状骨。它的特征包括有狭窄的喙嘴，在每根前上颌骨都有 7 个圆锥形牙齿、不完整的骨质鼻中隔、直线排列的鼻腔、缺乏次生腭、2 组骨质的颈部甲板及一些长圆刺。

怪嘴龙被分类在甲龙下目中的甲龙科，是其他甲龙科的姐妹分类单元，与大部分种系发生学假说一致。但是这些研究只是针对头颅骨，而其他有关多刺甲龙亚科的特征都是在颅后骨骼的。

装甲龙

装甲龙是甲龙类恐龙的一属，是多刺甲龙的近亲。化石是一个部分骨骼，发现于美国南达科他州卡斯特县的拉科塔组，可能属于下白垩纪的巴列姆阶。由于过去对化石的错误鉴定，装甲龙目前的资料不多。在 20 世纪 80 年代末至 90 年代初，有学者将它归类为多刺甲龙的异名，但最近的研究则接受它为一个资料不足的有效属。它是以罗马帝国的方阵步兵为名。

1898 年，N. H. 达顿在南达科他州的布法罗裂口车站附近发现这些化石。正模标本（编号 USNM4752）包括肋骨、尾椎、部分右肩胛骨喙突、两边肱骨的部分、右股骨、及多块鳞甲与尖刺。1901 年，弗雷德里克·卢卡斯简略地描述这个标本时，将化石归类为剑龙的一个新种，马氏剑龙。1902 年，卢卡斯将这个种独立为新属，模式种是马氏装甲龙。1914 年，查尔斯·惠特尼·吉尔摩完整地描述了这个标本。

威廉·T. 布洛斯和哈维尔·佩雷达·苏韦维奥拉都主张装甲龙是与多刺甲龙是相同的动物，并将装甲龙归类于多刺甲龙的一种，成为马氏多刺甲龙，但这个论点后来遭到推翻。肯尼思·卡彭特及詹姆斯·柯克兰认为武装龙与多刺甲龙的许多类似处，其实是甲龙下目的祖征，或是根据骨头的破损地方而设立的，例如股骨特征。

1901 年，卢卡斯首先发现装甲龙与多刺甲龙的相似性，两者最类似的是其鳞甲，不过装甲龙却没有多刺甲龙的荐骨鳞甲。目前它们都被分类在甲龙下目的多刺甲龙亚科或多刺甲龙科，或甲龙下目中的分类不明属。

另有研究指出装甲龙及多刺甲龙都有尾锤，但这是错误鉴定的结果。以多刺甲龙为例，它们具有尾椎、骨化筋腱及装甲，但被错误鉴定成尾锤。

查尔斯·惠特尼·吉尔摩估计装甲龙臀部约有1.2米高，是四足草食性的恐龙，以低矮植物为食物。装甲是它主要的防御特征。

2001年，威廉·T.布洛斯得到关于多刺甲龙亚科的新资料后，重新评估了装甲龙的装甲，并发现它可分为以下几类：

（1）肩膀尖刺。

（2）身体两侧尖刺。

（3）位于荐骨位置的尖刺及鳞甲。

（4）高、不对称及基部中空的尾巴装甲。

（5）不同大小的基部实心、具棱脊的小鳞甲。

牛 头 龙

牛头龙是种原始甲龙科恐龙，生存于白垩纪早期的北美洲。化石发现于蒙大拿州惠特兰郡，当地属于 Cloverly 组，年代为阿普第阶到阿尔比阶。

模式种是克氏牛头龙，是在 2009 年由克里斯登·帕森斯与 WilliamL. Parsons 叙述、命名。属名意为"水牛头"，tatanka 在拉科塔语意为"水牛"，kephale 在希腊语意为"头"，意指颅骨的形状；种名则是以 JohnPatrickCooney 家庭为名。

正模标本（编号 MOR 1073）是一个部分颅骨，缺少口鼻部前端、下颌，完整的颅骨长度约为 32 厘米。除了颅骨以外，还发现一些肋骨、皮内成骨、牙齿。这个标本属于一个成年个体。

由于这些化石没有变形的迹象，因此与相同地区发现的蜥结龙相比，两者可以轻易地辨别出来。牛头龙的头部呈圆形，具有大型眼窝，颅骨顶端有一个

横向的大型棱脊。根据已发现的唯一牙齿，牙齿缺少舌面隆突。目前已发现 2
个皮内成骨，其中一个完整无损害，长 13.7 厘米，宽 11.5 厘米，内部中空，
呈圆锥状。

　　根据亲缘分支分类法研究，牛头龙是原始甲龙科，是加斯顿龙的近亲。牛
头龙的原始特征包含：前上颌骨仍有牙齿、颅骨仍具有侧颞孔。

林　龙

　　林龙又名森林龙、丛林龙或海拉尔龙，是种原始甲龙下目恐龙，是理查·
欧文在 1842 年提出恐龙总目的第一次定义时，所参考的三类动物之一，而且是
当中最不清楚的。1832 年，吉迪恩·曼特尔在英格兰南部的蒂尔盖特森林发现
林龙的标本。因此林龙的属名是由古希腊文的"υλη"（森林）加上"σαυρο"
（蜥蜴）而来。标本目前存放在伦敦的自然历史博物馆，并保存在被发现时的
石灰岩内。这个标本是林龙的最完整标本。

　　林龙生存于下白垩纪凡蓝今阶至贝里亚阶，约 1 亿 3500 万年前的。吉迪
恩·曼特尔原先估计它们约有 7.6 米长，或约是当时其他恐龙的禽龙及斑龙的
一半长度。目前估计林龙只有约 6 米长。

　　林龙是相当典型的装甲恐龙，在其肩膀处有 3 根长尖刺，臀部有 2 根尖刺，
以及沿背部有 3 列装甲。尾巴可能还有 1 列装甲。林龙的头部很长，较像结节
龙多于甲龙。头部前有喙状嘴，显示它们可能是吃地面上的低矮植物。

　　林龙的化石，仍位于母岩中。模式种是武装林龙，是在 1833 年由吉迪恩·
曼特尔描述、命名的，当时是林龙属的唯一物种。它们的化石只有 2 组部分骨
骼、一些尖刺与鳞甲以及其他不同的小型碎片。最完好的标本是一组骨骼的前
半段，但缺乏了大部分的头部，只有在石灰岩表面的部分可供研究。

　　Polacanthoidesponderosus、康氏林龙以及欧文氏林龙过去曾被认为是独立的
物种，但目前都已确定为武装林龙的异名。曾有科学家提出林龙与多刺甲龙其

实是同一物种，但两者的骨骼结构上却有数处的不同。

在传统的分类，林龙是属于原始结节龙科下的多刺甲龙亚科，如同加斯顿龙及多刺甲龙。1990 年，多刺甲龙亚科被误认具有小型尾槌，而被重新分类为原始的甲龙科，因此林龙可能是原始的甲龙科，但多刺甲龙亚科的整体研究仍不清楚。多刺甲龙亚科最繁盛时期是于巴列姆阶的北美洲及欧洲，但在很短的时间后就灭绝了，并由较衍化的甲龙科所取代。

1871 年所绘制的林龙素描，林龙的第一个化石是在萨西克斯郡发现。在怀特岛及法国亚尔丁还发现其他的化石，但在法国发现的化石可能是属于多刺甲龙的。在 1833 年，吉迪恩·曼特尔将他的发现出版了平版印刷，之后在 1840 年出版了另一幅绘图。

曼特尔原先提出林龙的意思是"森林蜥蜴"，是以化石发现地的蒂尔盖特森林来命名。后来，他又指出这是指"威尔德的蜥蜴"，即以发现林龙的早白垩纪威尔德岩层来命名；威尔德也带有森林的意思。

武装林龙的种小名意为"有装甲的"，是因在它们的背部有多排尖刺，尾巴可能也有。

甲　龙

"一只凶猛的食肉恐龙猛然扑向一只小恐龙，但是不管它怎么咬、怎么抓，就是咬不住、抓不破那只小恐龙的身体。原来，小恐龙身上长着一层坚硬的厚甲，简直就像披盖着装甲的小坦克一样。最后，食肉恐龙只好无奈地走开，去寻找别的猎物去了。"这是美国的一部关于恐龙的动画片里的一个场面。但这绝不是凭空的想象，而是根据科学家对恐龙的研究而合理设计的镜头。事实上这样的场面在 1 亿多年前的白垩纪时期不知真实地发生过多少次呢！这种身上长有硬甲的小坦克似的恐龙就叫做甲龙。各种甲龙组合成了恐龙大家族中一支独特的类群，叫做甲龙类，在分类学上的位置就是爬行纲、鸟臀目、甲龙亚目。

甲龙类是恐龙大家族中较晚出现的类群，直到白垩纪之末才刚刚登上历史舞台。甲龙身体上部覆盖着厚厚的鳞片，背上有 2 排刺，头顶有 1 对角。甲龙有个像高尔夫球棒一样的尾巴。它的 4 只腿都是短的，脖子也很短，脑袋是宽宽的。

甲龙生存于白垩晚期，同时有许多重型的恐龙，像是暴龙。它的骨质、钉状的骨板与锤状的尾巴（又称尾锤）提供很好得保护作用，它的骨骼在蒙他那州发掘到，属于恐龙族群中最后灭绝的一支。剑龙类从地球上消失了，接替它们的是甲龙类。从自卫手段上看，甲龙已经使自己发展到了顶点；全身披着厚重的甲骨，有的还配有利刺。这种名为林龙的甲龙全长 6 米，颈部、痛部和身体两侧部覆盖着骨质甲片，甲片上密布着脊突。皮肤厚实似皮革，极具韧性。臀部上方至尾巴的大部分竖立着尖如匕首的棘刺，身体两侧也各有 1 排尖刺。这种严密的防范措施，抵挡住了大部分的食肉者。

甲龙是一类以植物为食、全身披着"铠甲"的恐龙。它们一般有 5~6 米长，后肢比前肢长，身体笨重，只能用四肢在地上缓慢爬行，看上去有点像坦克车，所以有人又把它叫做坦克龙。

大面甲龙生存在6800万~6550 万年前，是上白垩纪麦斯特里希特阶末期白垩纪第三纪灭绝事件前最后存在的恐龙。模式标本是从美国蒙大拿州的地狱溪地层被发现的，而其他标本则于怀俄明州的兰斯地层及加拿大艾伯塔省的 Scollard 地层被发现，所有都是在白垩纪末期时代的地层。

在白垩纪时，兰斯地层、地狱溪地层及 Scollard 地层位于分隔东西北美洲的白垩纪海路西岸。它们是一个阔的海岸平原，由海路伸延向东直至新形成的落基山脉。这些地层大部分是由砂岩及泥岩组成，形成泛滥平原的环境。地狱溪地层是这些地层最多被研究的。当时，地狱溪地层是亚热带，有着潮湿及温暖的气候。很多植物品种得以生存，主要是被子植物，较小的是松科、蕨类及苏铁科。丰富的树叶化石在这地区的多个地方都可以找到，显示这地区曾经是由小树组成的森林。

在这些地层中，甲龙的化石，与埃德蒙顿龙及三角龙相比是较为稀少的。另一种结节龙科的埃德蒙顿甲龙亦在这些地层中被发现。但是甲龙及埃德蒙顿甲龙在地理学上及生态学上是分隔的。甲龙有着宽的口鼻部，进食时可能无选择性，故此其生活环境应该被限制在远离海岸的高原地区；而埃德蒙顿甲龙有着较窄的口鼻部，可见是进食时具有选择性，应该生活于较低接近海岸的地区。

绘　龙

　　1933 年命名，原意是 plank lizard，白垩纪的晚桑托阶到晚坎潘阶，约 8000 万年前到 7500 万年前。发掘于中国和蒙古，甲龙科长 5. 5 米，绘龙的鼻孔附近有 2 到 5 个额外的洞，目前没有理论解释这些洞的功能。

　　绘龙是种轻型、中等大小的甲龙下目恐龙，拥有长尾巴，身长达到 5 米。如同所有甲龙科恐龙，绘龙的尾巴末端有骨槌，作为抵抗掠食者如特暴龙的武器。最初标本上最大的特征是在鼻孔的正常位置，有 2 个蛋状的洞上下排列。这些洞是绘龙的特征，数量有变化。Godefroit 等人在 1999 年叙述有 4 个洞，在 2003 年的一个未成年个体标本则被叙述有 5 对洞。

　　美国自然历史博物馆在 1920 年举办数次中亚的挖掘活动，在蒙古戈壁沙漠进行挖掘。在 Shabarakh Usu 地区 Djadokhta 组的火焰崖的许多古生物化石中，发现了绘龙的最初标本。原型标本（美国自然历史博物馆第 6523 号标本）是在 1923 年所发现的部分压碎的头颅骨、颚部、真皮骨的化石。

　　绘龙是最著名的亚洲甲龙类，已发现超过 15 个标本，包括一个接近完整的骨骸、5 个头颅骨或部分头颅骨以及发现两个有数只未成年个体挤在一起的化石，可证明是因沙尘暴而死的。目前保存最好的头颅骨是一个由 Teresa Maryanska 在 1971 年与 1977 年所叙述的未成年头颅骨。

　　最初的标本属于谷氏绘龙。Young 在 1935 年于宁夏发现一个新标本，并将它命名为新种宁夏绘龙，但宁夏绘龙现在被认为跟谷氏绘龙是同一个种；Maleev 在 1952 年以破碎化石命名的徐龙，也被认为是谷氏绘龙。

　　另外在中国发现的化石，由 Godefroit 等人在 1999 年叙述为 P. mephistocephalus，因次真皮角状物与鼻部特征而被认为是有效种。保存最好的头颅骨来自于未成年个体，但原型标本是个成年头颅骨，而长度大于宽度，这显示它们可能是更基础的装甲亚目恐龙。

美甲龙

　　美甲龙又名赛查龙、梅甲龙，是甲龙科恐龙的一属，化石发现于蒙古南部的巴鲁恩戈约特组，生存年代为白垩纪晚期（坎潘阶），与绘龙共同生存在同一地区。模式种是库尔三美甲龙。

　　美甲龙与多智龙都是由TeresaMaryańska在1977年所叙述、命名。库尔三美甲龙的模式标本包含一个头颅骨、颈椎、背椎、肩带、前肢以及某些装甲。其他相关标本则包含一个破碎的头颅骨顶部与装甲以及一个几乎完整、尚未有叙述的骨骸与头颅骨。

　　美甲龙是种体型笨重的甲龙类恐龙，身长约6.6米。美甲龙的头顶以及身体的两侧具有长尖刺，尾巴末端具有尾槌。头骨具有复杂的鼻管，以及骨质的次生颚，显示它们生存于热而潮湿的环境。根据某些证据显示，它们的鼻孔后方可能具有盐腺，可使它们处在干燥环境时，呼吸潮湿的空气。

篮尾龙

　　篮尾龙意为"柳篮尾巴"，是种大小接近河马的甲龙类恐龙，拥有重型装甲与尾槌，是由苏联古生物学家叶甫根尼·马列夫在1952年所命名的。

　　篮尾龙的化石是在蒙古戈壁沙漠东南部的BaynShire地层所发现，BaynShire地层的年代为晚白垩纪时期，约9800万到8300万年前。科学家们退论篮尾龙的栖息地为低地、泛滥平原。为了更确定篮尾龙的生存年代，必须借由比较相似地层的恐龙化石。但目前全球的晚白垩纪早期地层很少发现陆地动物。

篮尾龙的化石是在 20 世纪 50 年代由苏联挖掘团队发现，目前已经发现至少 5 个个体标本，包含 2 个不完整头颅骨、一个接近完整骨骸以及许多皮内成骨。篮尾龙的化石是蒙古所发现最完整的甲龙类化石之一。

篮尾龙的头颅骨长度接近 24 厘米，宽度接近 22 厘米，身长估计为 4 到 6 米。前掌有 5 根脚趾，后掌有 4 根脚趾。其他的可鉴定特征包含背椎的下骨突横向宽广，以及沟槽状皮内成骨。

Vickaryous 等人的 2004 年研究发现晚白垩纪的甲龙科分为两个演化支，分别为北美洲与亚洲的演化支，而亚洲演化支的最古老物种是篮尾龙属。

多 智 龙

多智龙是目前最年轻的亚洲甲龙科恐龙，目前发现了至少 5 个标本，包含 2 个完整头颅骨，与一个接近完整的颅后骨骸。多智龙同时也是已知最大型的亚洲甲龙类，身长估计为 8 ~ 8.5 米，头颅骨长度为 40 厘米，宽度为 45 厘米，重量可能为 4500 千克。

多智龙的属名在蒙古语意为 "脑部"，是以它们的大型头部为名。模式种是巨大多智龙，是多智龙唯一的种。多智龙的化石发现于蒙古的巴鲁恩戈约特组（原先名为下奈莫格特层），年代可能为坎潘阶到马斯特里赫特阶，接近 1 亿 1 千万年前。发现多智龙的地层在该年代可能为风成沙丘或丘间地环境，拥有间歇性湖泊与季节性溪流。因此多智龙是种居住于沙漠的动物。多智龙的头顶由球根状、多边形的鳞甲构成，类似美甲龙的头顶，美甲龙是巴鲁恩戈约特组所发现的另一种甲龙科恐龙。多智龙与美甲龙的差别为：头盖骨基部较大、副枕突与方骨间未固定、前上颚骨的喙宽度大于上颚骨的两排齿列间的距离。

Vickaryous 等人的 2004 年研究发现晚白垩纪的甲龙科分为两个演化支，分别为北美洲演化支（甲龙、包头龙），与亚洲演化支（绘龙、美甲龙、天镇龙、篮尾龙）。倍甲龙被认为是多智龙的一个次同物异名，与多智龙的第二个假设种

T. kielanae 是同种动物。

白 山 龙

　　白山龙意为"来自于白色山脉的"恐龙，是种体型中等的甲龙科恐龙。模式标本（编号 GISPSN 700/17）是一个完整头颅骨，发现于蒙古戈壁沙漠东南部的 Baynshiree Svita 地层，年代为森诺曼阶到三冬阶。白山龙只有一个种，长头白山龙。白山龙的头颅骨长度为 30 厘米，最宽为 25 厘米。Vickaryous 等人发现白山龙不类似其他甲龙类，它们的头顶装饰物并非由多边形所构成，而是不规则形状。与其他甲龙类相比，白山龙的方轭骨与鳞状骨上的隆起物发展并不良好。头颅骨长而平坦，有小型角状物。

多刺甲龙

　　多刺甲龙又名钉背龙，名称衍化于希腊文，多刺甲龙是种有护甲、尖刺、以植物为食的早期甲龙下目恐龙，生存于早白垩纪的欧洲，约 1 亿 3200 万到 1 亿 1200 万年前。

　　多刺甲龙的臀部骨甲多刺甲龙身长 4~5 米。它们是种四足鸟臀目恐龙。多刺甲龙的已发现化石不多，所以对于一些重要生理特征的了解并不多，例如头颅骨。早期的叙述对于多刺甲龙的头部非常不明确，仅了解它们身体的后半部。

　　多刺甲龙有一个大型荐骨护甲，是由臀部（荐骨部位）的真皮骨所形成的单一固定甲壳，该护甲并未连接至下面的骨头，布有许多结节。这是多刺甲龙亚科恐龙所共有的特征，例如加斯顿龙、迈摩尔甲龙。

多刺甲龙属有两个种，都来自于欧洲：

福氏多刺甲龙：是在 1865 年，由威特岛神职人员威廉·达尔文·福克斯所发现，并由理察·欧文在同一年命名。该标本是不完整的骨骸，缺少头部、颈部、装甲前部，以及前肢。已发现另外 2 个部分骨骸化石。第二个标本是由 William T. Blows 博士在 1979 年所发现、挖掘，目前在伦敦自然史博物馆。该标本是本种第一个显示颈椎与装甲前部的标本。

P. rudgwickensis：由 William T. Blows 博士在 1996 年所命名，在 1985 年发现时被认为是禽龙，现在于萨塞克斯霍舍姆博物馆展出。本种的化石零碎不全，包括数个不完整脊椎骨、部分肩胛乌喙骨、肱骨末端、一个接近完整的右胫骨、肋骨碎片以及 2 个皮内成骨。P. rudgwickensis 体型似乎大于模式种 P. foxii 约 30%，两者的差别在于脊椎与真皮装甲的许多特征。种名是以西萨赛克斯郡的 Rudgwick 村为名，化石是在 Rudgwick 村的一个砖瓦公司采石场发现，该采石场的底部是萨赛克斯组的泥灰岩层，地质年代是巴列姆阶，约 1 亿 3200 万到 1 亿 2400 万年前。

敏 迷 龙

敏迷龙是种小型甲龙下目恐龙，生存于早白垩纪，约 1 亿 1900 万到 1 亿 1300 万年前。敏迷龙是第一种发现于南半球的甲龙类恐龙。

敏迷龙是在 1980 年由 RalphMolnar 命名。属名是以澳大利亚 Minmi 渡口为名，该地也是敏迷龙的发现处。敏迷龙曾拥有恐龙中最短的属名，直到 2004 年，中国发现的肉食性恐龙寐龙所继承。敏迷龙目前已发现 2 个完整骨骸以及其他化石。

敏迷龙的化石发现于澳大利亚昆士兰州罗马镇附近的邦吉尔组，接近 Minmi 渡口。敏迷龙是由拉弗·莫纳儿在 1980 年首次叙述、命名。敏迷龙属目前仅有一个种，椎旁敏迷龙。

敏迷龙拥有长四肢、后肢长于前肢、宽头颅、短颈部以及非常小的脑部。它们身长约2米，肩膀高度约1米。敏迷龙可能以四肢缓慢行动，这是科学家测量足迹化石与腿部长度后的计算结果。

敏迷龙是种小型装甲恐龙，属于甲龙下目，它们因过于原始而不能归类于结节龙科或甲龙科。它们是四足恐龙，且具有长尾巴。如同其他甲龙类，它们是草食性动物。曾在敏米龙标本的左趾骨前方，发现生前食物的完整化石，提供敏迷龙进食内容的完整证据。这个食物化石包含：维管组织或纤维的碎片、子实体、球状种子、囊泡（可能来自于蕨类的孢子囊）。最主要的内容物是维管组织或纤维的碎片，大小为0.6~2.7厘米，末端有清楚的段面，与纤维主干呈直角。由于这些纤维很小，科学家认为敏迷龙将食物从植物咬下，在嘴巴中仔细地咀嚼。这些纤维可能来自树枝或茎的维管束。清楚的段面与缺乏胃石，显示敏迷龙主要依靠嘴部的咀嚼来磨碎食物，而非借由胃石。种子的直径约0.3厘米，子实体的直径约4.5厘米。与草食性的蜥蜴、火鸡、鹅相比，敏迷龙的进食过程较复杂。

敏迷龙有骨质突出物，覆盖着头部、背部、腹部、腿部以及尾巴，臀部与尾巴有较大型鳞甲。一个被标名为 Minmisp. 的标本，已发现数种形态的骨甲，包含小型小骨、中间有棱脊的身体鳞甲、无棱脊的口鼻部鳞甲、覆盖颈部与肩膀的有棱脊鳞甲、臀部的长刺、覆盖尾巴的三角形有棱脊鳞甲。颈部的鳞甲环绕者颈部。尾巴的鳞甲排列方式未明，两侧可能是三角形鳞甲，上侧则是长形的鳞甲。然而，不像其他甲龙类恐龙，敏迷龙有垂直的骨板，沿者脊椎骨两侧分布。

萨尔塔龙

萨尔塔龙（属名：Saltasaurus）又名索他龙，意为"萨尔塔省的蜥蜴"，是种蜥脚下目恐龙，生存于晚白垩纪。萨尔塔龙在蜥脚类恐龙当中相当小，但对人类而言还是很巨大。它们拥有类似梁龙科的头部，牙齿仅位于嘴部的后方，而且牙齿是钝的。萨尔塔龙的皮肤上嵌有小型骨版，这些骨板由 Osteoderms（皮内成骨、骨化皮肤）构成，大型骨板四处散布，如人的手掌大小，小型骨板紧凑排列，只有豌豆大小；其他泰坦巨龙类恐龙身上也发现了骨板，某些梁龙科恐龙的背上也曾发现一排鳞甲。当萨尔塔龙类的骨板首次被发现时，因为是独立于骨骸被发现的，所以被推论属于甲龙类恐龙。

萨尔塔龙的属名（Saltasaurus）取自于阿根廷西北部的萨尔塔省，也是首次发现它们化石的地点。萨尔塔龙的化石也发现于乌拉圭。萨尔塔龙的属名有时会与三叠纪的跳龙（Saltopus）产生混淆，然而这两个属非常的不相似。

叙　　述

萨尔塔龙是由约瑟·波拿巴（José Bonaparte）与杰米·鲍威尔（Jaime E. Powell）在 1980 年首次叙述的，它们被估计身长为 12 米，而体重有 7 吨。如同所有蜥脚类恐龙，萨尔塔龙也是草食性动物。乌拉圭也发现部分化石。它们颈部结构显示它们无法将头部高抬过肩膀。

萨尔塔龙属目前仅有一个种护甲萨尔塔龙（S. loricatus）。强壮萨尔塔龙（S. robustus）不再认为是个独立的种，而南方萨尔塔龙（S. australis）现在被认为是独立的内乌肯龙属。

目前所发现的萨尔塔龙化石包含：脊椎、四肢骨头、数个颌部骨头以及不同的骨板。南极龙与银龙的骨骸相似，它们也可能拥有骨板。

萨尔塔龙的其他特征包含：每节颈椎都有 1 个骨质棘、髋带多出 1 节脊椎骨、尾椎拥有互相交锁球窝关节。曾有理论认为，它们可能以后肢站起，并将尾巴当做第三支柱，以接触到较高的树枝。

不断改变的叙述

在白垩纪时期，北美洲的蜥脚类恐龙失去优势草食性恐龙地位，这个时期的北美洲优势草食性动物是鸭嘴龙类，例如，艾德蒙顿龙。然而，澳大利亚与南美洲在当时是岛屿大陆，从未出现过鸭嘴龙类恐龙，而蜥脚类持续在南方大陆继续它们的演化途径。

萨尔塔龙是高度演化的蜥脚类恐龙之一，它们生存于 7500 万 ~ 6500 万前。当 1980 年首次发现萨尔塔龙的化石时，古生物学家开始重新思考蜥脚类恐龙的定义，因为萨尔塔龙的确是种蜥脚类恐龙，但身上却有骨版，直径为 0.5 ~ 11 厘米。在这之前，蜥脚类恐龙被认为以它们巨大的体型作为防御手段。之后，古生物学家们开始重新思考其他的蜥脚类恐龙可能也拥有骨板，例如，阿根廷的拉布拉达龙。

恐 龙 蛋

1997 年，路易斯·齐亚比（Luis Chiappe）与他的团队在阿根廷巴塔哥尼亚的 Auca Mahuevo 附近，发现了一个大型的泰坦巨龙类蛋巢。这些小型恐龙蛋，长 11 ~ 12 厘米，内部有化石化的胚胎，这些完整胚胎拥有皮肤痕迹，但无法显示是否有任何真皮组织或是羽毛。这些恐龙蛋被认为属于萨尔塔龙。

这个遗迹很明显的是数百只雌性个体挖掘洞穴，产下它们的蛋，并用泥土或植被覆盖恐龙蛋。这显示出它们是群居动物，它们可能就由群体行动以及骨板，来抵抗大型掠食者的攻击，如阿贝力龙。

恐龙的"同龄人"命运

在早期恐龙发展变化的同时，一些早期爬行类、早期哺乳类等动物也同时出现和发展。原始的哺乳动物最早见于晚三叠世，属始兽类，所见到的化石都是牙齿和颌骨的碎片。爬行动物在侏罗纪时期迅速发展。但在白垩纪时期许多动物都经历了大灭绝。

曲颈龟亚目

曲颈龟亚目（学名：Cryptodira）是龟鳖目下的一个亚目，又称潜颈龟亚目、隐颈龟亚目，分布广泛，陆地、淡水和海洋均有分布，包含了大多数龟鳖类，其中现存的物种大都生活在淡水中。

曲颈龟亚目与侧颈龟亚目的不同之处在于，曲颈龟亚目回缩头部时是 S 形弯折颈部后直接缩回壳内，而侧颈龟亚目则是将颈部侧向折回壳内。

形　　态

曲颈龟亚目生物的体型相差巨大，体型最大的棱皮龟甲长可达 256.5 厘米，是龟鳖目中体型最大的物种，而体型最小的斑点鹰嘴珍陆龟（Homopus signatus）的最大甲长只有 9.8 厘米。

在身体结构方面，有的种类在背甲和腹甲结合处有下缘盾，大鳄龟（Macroclemys temminckii）在肋盾和缘盾之间还有上缘盾。除海龟科中某些物种外，本亚目物种腹甲与喉盾之间不存在间喉盾。

本亚目物种的间喉盾、上缘盾和下缘盾在龟鳖目内均为最原始的形态。在食性方面，本亚目内包含肉食、草食和杂食性物种。

分类与演化

曲颈龟亚目的演化历程主要在侏罗纪时期进行，到侏罗纪末期时几乎已完全取代了侧颈龟亚目在河水和湖泊中的地位，这时陆生物种开始发展。曲颈龟亚目下共现存有 3 个总科，分别是海龟总科（Chelonioidea）、陆龟总科（Testudinoidea）和鳖总科（Trionychoidea）。所谓"动胸龟总科"（Kinosternoidea）现在被认为是最原始的鳖总科中的并系集合，因为它们不能构成一个自然类群。

目前对于曲颈龟亚目的界定普遍有 2 种说法。其一，曲颈龟亚目包含只能从化石和真曲颈龟下目得知的若干原始的已灭绝的种系，是由一些非常早地分化出来的类群和 Centrocryptodira 分支（包含现存曲颈龟亚目的史前近亲以及后出现的近代曲颈龟类）组成。

另一个说法将"曲颈龟亚目"一词限定为冠群页面，冠群并不存在，英语维基百科对应页面为 crown clade，即近代曲颈龟类（Polycryptodira），按照这种观点来理解，这时的曲颈龟亚目应被称作 Cryptodiramorpha。

从这角度看来，侧颈龟亚目和曲颈龟亚目就不再是姐妹分类单元了。

菊石亚纲

菊石亚纲（学名：Ammonoidea）是一群已经灭绝的海洋生物总称，非常适合作为标准化石，地质学家可以使用它们来确定含有菊石化石的地层的年代。菊石亚纲与现存的头足纲关系最接近的可能是蛸亚纲，而不是鹦鹉螺亚纲的鹦鹉螺目。

菊石亚纲约在志留纪晚期至泥盆纪初期第一次出现在地球上，最后与恐龙一起于白垩纪晚期灭绝。

分　　类

生物学家根据化石的壳室的结构与外壳的花纹，目前将菊石亚纲分成 3 个目：菊石目、棱菊石目与齿菊石目。其中菊石目分成 5 个已知的亚目。

外　观

菊石的壳沿平面卷曲，呈盘状，两面对称，壳表面光滑或具细的生长线纹，有些具特殊的纹饰，如纵棱、横肋、瘤和刺等。

生　态

菊石一般漂浮在海水上层，下面经常是极其缺氧区域，没有生物。菊石死后，沉到海底，逐渐埋没。细菌分解遗体时，把附近水性改变，降低矿物质溶解度，尤其是磷酸盐和碳酸盐。菊石化石上面有一圈一圈的矿物质，因此保存有很多高质标本。

犬齿兽亚目

犬齿兽亚目是兽孔目的一类。它们是兽孔目中最多样性的其中一群。它们以类似狗的牙齿而命名。

特　征

犬齿兽类拥有几乎所有哺乳类的特征。它们的牙齿全部分化，脑壳往头后方突起，多数以直立的四肢行走。犬齿兽类仍然卵生，就像所有中生代原始哺乳类一样。它们的颞颥孔远比它们祖先的大，较宽的颧弓支撑强壮的下颌肌肉，经证实更像哺乳类的头骨。

它们也有除了兽头类以外兽孔目所缺乏的次生颚，兽头类与犬齿兽颏有亲近的血缘关系。它们的犬齿是它们下颌的最大骨头，其他的小骨头移动到内耳。

它们可能是温血动物，覆盖着毛发。

演 化 史

犬齿兽类是兽孔目中其中一群，与其他已灭绝的丽齿兽、兽头类同为兽齿类。犬齿兽的演化可追溯到二叠纪的一群小型类似丽齿兽的兽孔目。最初的犬齿兽成员是原犬鳄龙科，包括原犬鳄龙与 Dvinia。它们都在二叠纪—三叠纪灭绝事件中灭亡。

最多样性的犬齿兽类都在真犬齿兽演化支里，这演化支也包括了哺乳类。代表的品种包括大型肉食性犬颌兽科、同等大小草食性的 Traversodonts、还有小型类似哺乳类的三瘤齿兽科与鼬龙类。犬齿兽类如果非全部是温血动物，至少部分覆盖着毛发，可使它们维持高体温。犬齿兽类似哺乳类的身体结构，暗示所有哺乳类从真犬齿兽类的单一类群中演化出来。

在它们的演化过程中，犬齿兽类改变它们原本用来抓住猎物并完全吞下猎物的牙齿，加上特别化的牙齿，包括用来磨碎食物以促进消化的臼齿。此外，犬齿兽类的下颌减少骨头数量。这多余骨头的移动演化成新的作用，成为哺乳类内耳的一部分。

更好的听力使这些动物更能警觉它们所处的环境，然后这增加的听力使大脑增加更多的区域以接受声音讯息。犬齿兽类也发展出嘴巴顶部的次生颚。这可让空气可从嘴巴后方流动到肺，使犬齿兽类可同时进食与呼吸。这特征可见于所有现代哺乳类。

真双型齿翼龙

真双型齿翼龙（属名：Eudimorphodon）是种翼龙类，化石发现于意大利贝尔加莫，年代为三叠纪晚期。它们的标本是在 1973 年由 Mario Pandolfi 发现，并在同一年由 Rocco Zambell 所叙述。该标本出土于页岩层，是目前已知最古老的翼龙类标本，但它们拥有少数的原始特征。

它们的翼展约 100 厘米，而且长尾巴的末端可能有个钻石形标状物，类似喙嘴翼龙，这个标状物可能在飞行时充当舵使用。真双型齿翼龙目前已发现数个骨骼，包含幼年体化石。

齿列与食性

真双型齿翼龙的牙齿为明显的异型齿，这也是它们的名称由来。真双型齿翼龙的颌部长 6 厘米，却具有 114 颗牙齿。颌部前段的牙齿为长牙，后段的牙齿为小型、多齿尖（可多达 5 个）的牙齿。

科学家根据真双型齿翼龙的牙齿形态，推测它们是以鱼类为食，某个标本的胃部曾经发现某种鱼类（Parapholidophorus）的化石。真双型齿翼龙的幼体化石具有稍微不同的齿列，可能是以昆虫为食。

系统发生学与分类学

尽管真双型齿翼龙的生存年代早，它们却没有多少原始特征，科学家无法借此种动物推论翼龙类的起源与分类。由于早期翼龙类的化石很少，科学家对于翼龙类的归类有不同看法，例如：恐龙、主龙形动物、原蜥形目。

由于真双型齿翼龙的牙齿有多齿尖，是种衍化的特征，而侏罗纪翼龙类的牙齿只有一个齿尖，显示真双型齿翼龙与侏罗纪翼龙类的直系祖先是远亲。科学家推论真双型齿翼龙是翼龙类演化过程中的一个旁支。

德州化石

1986 年，德州西部出土数个颌部碎片，上有多齿尖的牙齿。其中一个下颌化石，上面的 2 颗牙齿有 5 齿尖。另一个上颌化石则有 7 颗多齿尖的牙齿。这些牙齿非常类似真双型齿翼龙，可能属于这个属。

鱼 龙 类

鱼龙目（学名：Ichthyosauria，来自希腊语 ιχθυ "鱼" 和 σαυρο "蜥蜴"）是一种外形类似鱼类和海豚的大型海生爬行动物。它们生活在中生代的大多数时期，最早出现于约2亿4500万年前，比恐龙稍微早一点（2.3亿年前），约9000万年前消失，比恐龙灭绝早约2500万年。

在三叠纪中期，一群陆栖爬行动物逐渐回到海洋中生活，演化为鱼龙类，这个过程类似今天的海豚和鲸鱼的演化过程，但鱼龙类的直系祖先至今还未能确定。在侏罗纪它们分布尤其广泛，在白垩纪它们被蛇颈龙类取代，蛇颈龙目是白垩纪时期的海生顶级掠食动物。

鱼龙超目是由理查·欧文爵士在1840年建立，这名词现在经常提及鱼龙类的原始成员时使用。

形　　态

鱼龙类的身长多在2~4米，一些种的体型较小，而某些种的体长可超过4米。它们的头部像海豚，拥有长口鼻部，口鼻部布满牙齿。如同今日的鲔鱼，鱼龙类的体型适于快速游泳；而某些鱼龙类则适合潜至深海，类似现代鲸鱼。科学家估计鱼龙的游速可以达到每小时40千米。

如同今日的鲸鱼与海豚，鱼龙类呼吸空气，是卵胎生动物（有些成年鱼龙类的化石包含胎儿）。虽然鱼龙类是爬行动物，其祖先是卵生动物，但所有呼吸空气的海生动物，不是要到海岸上生蛋（如海龟和一些海蛇），就是得直接在水中产下幼年个体（如海豚和鲸鱼）。由于鱼龙类的流线型体型，它们不可能爬到岸上生蛋。

鱼龙类的想象图根据藻谷亮介的估计，1条2.4米长的狭翼鱼龙的体重在163~168千克，而1条4米长的大眼鱼龙的体重在930~950千克。

虽然鱼龙类的外表看似鱼类，但它们并不属于鱼类。生物学家史蒂芬·杰·古尔德（Stephen Jay Gould）指出，鱼龙类是他最喜欢的趋同演化的实例。鱼龙类与鱼类具有类似的特征，但不是同源演化的结果。

他指出："（鱼龙类）与鱼类的趋同性是如此之明显，它们在同一部位演化出的背鳍与尾鳍拥有同样的流体力学设计。由于这些结构是从无中生有演化出来的，因此它们尤其显著。陆生的爬行动物祖先背上没有隆肉，尾巴上也没有尾片来作为（这些结构的）前身。"

事实上最初人们以为鱼龙类没有背鳍，因为鱼龙的背鳍里没有硬骨组织，直到19世经90年代，在德国霍尔茨玛登出土的保存异常完好的鱼龙类化石，显示出其背鳍的痕迹。当地特殊的保存环境允许软组织的痕迹遗留下来。

鱼龙类有鳍状的四肢，它们可能被用来起稳定以及控制转向的作用，而不是用来加速；加速可能主要来自于鲨鱼似的尾鳍。其尾鳍分两叶，其中下叶有尾椎的支持。

除与鱼类的明显类似处外，鱼龙类与海豚也有类似的进化特征。两种动物的外形类似，这可能表示其行为活动也类似，也许它们大致占据了类似的生态位。

许多类似鱼类的鱼龙类，其主要食物是头足纲鱿鱼的近亲箭石亚纲。有些早期的鱼龙类具有能够咬碎贝类的牙齿，它们的主食可能是鱼类。一些大型的种拥有强壮的腭和牙齿，显示它们也吃小型的爬行动物。由于鱼龙的体型差异很大，而且生存了这么长的时间，因此它们很可能有非常不同的食物来源。典型的鱼龙类有很大的、受角膜环保护的眼睛，似乎说明它们主要在夜间猎食。

发 现 史

已知鱼龙类最早的描述，是1699年在威尔士发现的化石残片。

1708年，发表过两次最早的鱼龙类脊椎化石，当时被怀疑为大洪水的遗迹。1811年，玛丽·安宁（Mary Anning）在今天被称为侏罗纪海岸的莱姆里吉斯，发现了第一具完整的鱼龙类化石。此后她相继发现了3个不同的种。

1905年，加利福尼亚大学的爬行动物挖掘团队在内华达州发现了25具化石，内华达州在三叠纪是浅海。这些化石今天陈列在加利福尼亚大学的考古博物馆中。其他化石今天依然埋在石床中，可以在奈伊县的州立柏林鱼龙公园里参观这些化石。

1977 年，内华达州将三叠纪的鱼龙类秀尼鱼龙（Shonisaurus）定为州化石。内华达州是唯一发现完整的、17 米长的沙尼鱼龙化石的州。在 1992 年，任职于皇家安大略博物馆的加拿大鱼龙类学家伊丽莎白·尼科尔斯（Elizabeth Nicholls），发现了至今为止最大的鱼龙类化石，长 23 米。

演 化 史

最早期鱼龙类的外表看似有鳍的蜥蜴，而不像鱼类或者海豚。化石发现于加拿大、中国、日本和挪威斯匹兹卑尔根的三叠纪中早期地层。这些早期的物种包括巢湖龙、短尾鱼龙和歌津鱼龙。

根据藻谷亮介等人的研究，这些早期鱼龙类属于鱼龙超目，但不属于鱼龙目，它们在三叠纪早期的最后一期，或三叠纪中期的最早一期，演化为真正的鱼龙目。这些鱼龙很快就分化为许多种，其中包括像海蛇、10 米长的杯椎鱼龙，以及体型稍小、更典型的物种，例如混鱼龙。三叠纪晚期的鱼龙类包括：比较原始的萨斯特鱼龙类以及更像海豚的真鱼龙类（例如加利福尼亚鱼龙与 Teretocnemus）与 Parvipelvia（意为"小型骨盆"，包含 Hudsonelpidia、Macgowania）。专家们现在对于这些鱼龙是否代表进化的各种阶段，意见还不一致，其中一个理论是：较为原始的萨斯特鱼龙类是并系群，部分物种逐渐进化为更高级的种类；另一个理论则是：这些鱼龙类是从同一祖先发展出来的两个演化支。

在卡尼克阶和诺利克阶，萨斯特鱼龙类的体型达到了很大的长度。在内华达州的卡尼克阶地层，发现了多具化石的通俗秀尼鱼龙，身长达到 15 米。在太平洋两岸的诺利克阶地层，均发现秀尼鱼龙的化石。在西藏发现的西藏喜马拉雅鱼龙与西藏龙，身长达 10～15 米，可能与秀尼鱼龙属于同一属，而喜马拉雅鱼龙与西藏龙也可能是相同物种。在英属哥伦比亚被发现的西卡尼秀尼鱼龙，身长达到了 21 米的长度，是至今最大的海栖爬行动物。

在诺利克阶末期，这些巨大的鱼龙类（以及其小型的近亲）似乎消失了。在英国的三叠纪末期瑞提阶地层，发现了鱼龙类化石，它们与侏罗纪早期的鱼龙类非常类似。如同恐龙，鱼龙类及其同期的蛇颈龙类在三叠纪末灭绝事件后继续存活，并在侏罗纪早期迅速多样化，填补空缺的生态位。

如同三叠纪晚期，侏罗纪早期是鱼龙类的顶峰时期，当时的鱼龙类包括四个科和许多种，其长度从 1～10 米不等。其属包括真鼻龙、鱼龙属、蛇嘴鱼龙、狭翼鱼龙、大型的掠食性动物泰曼鱼龙以及比较原始的 Suevoleviathan；相比于其诺利克阶的祖先，Suevoleviathan 等物种的变化比较小。所有这些动物均有类似海豚的、流线型的躯体。但是，比较原始的物种可能比衍化的种类（如狭翼龙或鱼龙属）更细长些。

在侏罗纪中期，鱼龙类依然繁盛，但其多样性减少了。这个时候的代表性鱼龙类包括：4 米长的大眼鱼龙及其近亲，它们的外表与鱼龙属类似，拥有完美的"水滴型"流线型身躯。大眼鱼龙的眼睛非常大，这些动物可能在光线比较暗的深海中捕猎。

在白垩纪，鱼龙类的多样性似乎继续下降。至今为止的已知白垩纪鱼龙类只有三属：Caypullisaurus、Maiaspondylus、扁鳍鱼龙，虽然它们分布于全世界，但是其种类很少。在白垩纪中期的森诺曼阶、土仑阶灭绝事件中，这些鱼龙类与上龙类消失。而流体力学性能比较差的动物，例如沧龙类和蛇颈龙类继续存活，而且非常繁茂。鱼龙类的高度特化特征，可能是它们的灭绝原因。它们无法猎食新出现、速度高、繁盛的真骨附类鱼类；而沧龙类的突击的猎食方式，较适合猎食真骨类鱼类。

翼 龙 目

翼龙目（Pterosauria），希腊文意思为"有翼蜥蜴"，是一个飞行爬行动物的演化支。它们生存于三叠纪晚期到白垩纪末期，约 2 亿 2000 万到 6550 万年前。翼龙类是第一种能够动力飞行的脊椎动物。

它们的翼是由皮肤、肌肉与其他软组织构成的膜，膜从胸部延展到极长的第四手指上。较早的物种有长而布满牙齿的颌部，以及长尾巴；较晚的物种有大幅缩短的尾巴，而且缺乏牙齿。翼龙类的体型有非常大的差距，从小如鸟类的森林翼龙，到地球上曾出现的最大型飞行生物，例如风神翼龙与哈特兹哥翼龙。

翼龙类常被大众媒体当成恐龙，但这是错误的。恐龙指的是特定的陆地爬行动物，包括蜥臀目与鸟臀目，并不包括翼龙类、鱼龙类、蛇颈龙类、沧龙类。这群动物通常被大众俗称为翼手龙（Pterodactyls），希腊文意思为"有翼的手指"。

发现历史

第一个翼龙化石是在 1784 年由意大利自然学家 Cosimo Collini 发现的。Collini 当时将这些动物误认为海生动物，将它们的长前肢充当桨来使用。

一些科学家持续支持这个海生动物假设，直到 19 世纪 30 年代，德国动物学家 Johann Georg Wagler 仍提出翼手龙属的前肢是用来游泳的。在 1809 年，乔治·居维叶（Georges Cuvier）将一个在德国发现的物种命名为翼手龙属（Ptero-dactyle），并首次提出这种动物是种飞行动物。然而因为科学名称的标准化，翼手龙属的正式属名改成 Pterodactylus。

自从 1784 年在索伦霍芬石灰岩层（年代属于侏罗纪晚期）发现第一个翼龙类化石后，在当地沉积层中已发现 29 种翼龙类。在 1828 年，玛丽·安宁（Mary Anning）在英国莱姆里吉斯发现著名的双型齿翼龙化石。

在 1834 年，Johann Jakob Kaup 建立翼龙目（Pterosauria）。然而，在最早期的研究中，有时会采用 Ornithosauria（意为"鸟类蜥蜴"）一词。

大多数翼龙类化石保存不够良好。它们的骨头是中空的，当沉积物堆积在它们身上时，骨头会被压平。目前保存最良好的化石是在 1974 年发现于巴西的 Araripe Plateau。当沉积物堆积到这些化石上时，沉积物会压缩骨头，而非压碎骨头。

现在大多数古生物学家认为翼龙类是采用动力飞行，而非原先认为的滑翔飞行。翼龙类化石已在北美、南美、英国、欧洲、非洲、亚洲、澳大利亚等地发现，除了南极洲以外。目前已发现至少 60 属翼龙类，体型有的小如小型鸟类，有的大型翼龙类的翼展可超过 10 米。

翼

翼龙类的翼膜由皮肤与其他软组织构成，由不同形式的紧密纤维补强。翼膜连接极长的第四手指与身体侧面（或是后肢）之间。

过去的观点认为，翼龙类的翼膜构造简单，仅由皮肤构成。但现在的观点认为，翼龙类的翼膜构造相当复杂，具有高度气动性，适合飞行。翼膜由皮肤、极薄的肌肉构成，由不同形式的紧密纤维补强，并具有复杂的血管系统。

某些大型标本的翼部骨头内有中空空间，证实某些翼龙类具有类似鸟类的呼吸系统。另外，根据至少1个标本的软组织，其呼吸系统延伸到翼膜内部。

翼龙类的翼可以分成3个部分。第一个部分是前膜（Propatagium），连接腕部到肩膀，位于翼膜最前端，是飞行时首先遭遇到空气的部分。某些化石证据显示，前3根手指之间也连接着前膜。翼的主要部分是臂膜（Brachiopatagium），从第四指延伸至身体两侧（或后肢）。但臂膜连接至身体两侧的哪个位置，仍有争议。某些翼龙类的后肢之间连接着膜，可能延伸至尾巴，称为尾膜（Uropatagium）。

连接到腕部的翅骨（Pteroid），是一种翼龙类专有的骨头，协助支撑腕部到肩膀的前膜。化石证据显示，前3根手指之间也连接着皮膜。因此，前膜的面积可能更大。古生物学界对翅骨角度的看法相当不同。大卫·安文等人认为，翅骨的角度往前，扩大前膜的面积。但这个论点是非常有争议的。在2007年，Chris Bennett认为翅骨的角度朝内，而非朝前，如同传统的看法。

古生物学家们经常争论翼膜是否也连接到后肢。喙嘴翼龙类的索德斯龙以及蛙嘴龙科的热河翼龙，还有桑塔纳岩层发现的翼手龙类化石，证实至少某些物种的翼膜有连接至后肢的。

然而，现代蝙蝠与飞鼠翼膜的连接方式上有相当大的不同，而不同种类的翼龙类可能也有不同的翼膜连接方式。研究显示翼龙类的四肢比例有相当大的不同，可能反映了不同的翼展方式。

许多翼龙类有蹼状脚掌，可能不是全部都有，蹼状脚掌可能具有气动上的作用，但也有研究认为蹼状脚掌是种游泳的证据。某些现代滑翔动物也具有蹼状脚掌，例如鼯猴。

颅骨、牙齿、头冠

大部分翼龙类具有修长的喙状嘴。大部分物种具有针状牙齿，而某些衍化物种则没有牙齿，例如无齿翼龙科、神龙翼龙科。某些标本的喙嘴保存了角质组织。

大部分主龙类的眼部前方有数个洞孔，而翼龙类的鼻孔与眶前孔连接，形成一个名为鼻—眶前孔（Nasoantorbial fenestra）的大型洞孔。这个大型洞孔可能具有减轻重量的功能，有助于飞行。

许多翼龙类的头顶具有头冠。第一个被发现头冠的翼龙类是无齿翼龙，其尖头冠往后。某些物种的头冠形状特殊、巨大，由骨质分叉支撑着角质组织构成，例如古神翼龙科与夜翼龙。

自从20世纪90年代以来，新发现的化石与研究发现翼龙类普遍具有头冠，与过去的观点不同。翼龙类的头冠主要由角质组织构成，甚至是全部，因此很少在化石化过程中保存下来。

科学家借由紫外线技术，检验出翼手喙龙与翼手龙属的化石也具有头冠。根据过去的理论，只有衍化的翼手龙类具有头冠；而近年发现的翼手喙龙、奥地利翼龙也具有头冠，证实部分喙嘴翼龙类也具有头冠。

毛

翼龙类并没有发现羽毛证据，但至少部分翼龙类覆盖着毛，类似哺乳类的毛，但非同源演化的结果。翼龙类的毛与哺乳类的毛发并不一样，而是独特的结构，为趋同演化的后果。虽然在有些例子里，翼膜上的纤维被误认为毛，有些化石的头部与身体上的确有毛的压痕，例如索德斯龙，翼龙类的毛不类似现今蝙蝠的毛，这是另一个趋同演化的例子。毛的出现是基于飞行的需求，也显示翼龙类是温血动物。

行　走

翼龙类的臀窝是稍微往侧上方，股骨头适度的往内侧弯，显示翼龙类是半直立步态。当它们飞行时，大腿可能抬高到与身体平行的高度，类似现代的滑翔蜥蝎。过去曾有争论翼龙类在地上移动时，是采用四足方式还是二足方式行走。1980 年，古动物学家凯文·帕迪恩（Kevin Padian）指出较小的翼龙类有较长的后肢，例如双型齿翼龙，它们除了飞行以外，行走与奔跑时可能采用二足方式，如同现代的走鹃。现在已发现大量的翼龙类足迹，呈现出明显的后肢四趾与前肢三趾的足迹，可证实翼龙类的确以四足在地上移动。较大的翼龙类有较小的后肢与大型的身体前半段，一般认为它们在地面上移动时使用四肢。根据目前所发现的翼龙类足迹化石，可以发现它们正在涉水或找食物，还没有发现可证明它们在飞行或滑翔的足迹化石。大部分的脊椎动物是趾行动物，行走时以脚趾接触地面，脚踝不接触地面；从足迹化石显示，翼龙类行走时以脚掌接触地面，类似人类与熊，都属于蹠行动物。神龙翼龙科的足迹化石显示，至少有部分翼龙类行走时采取直立步态，而非往两侧延展的步态。

传统的观念认为，翼龙类在地面的行动相当笨拙、不方便；但研究发现，至少部分翼龙类（尤其是翼手龙亚目）能够顺利的行走、奔跑。与其他翼龙类相比，神龙翼龙科与鸟掌翼龙科的前肢相当长；神龙翼龙科的手臂骨头与掌骨特别地修长，它们的前肢比例，接近善于奔跑的有蹄类哺乳动物。它们的后肢不适合高速奔跑，但步伐比其他翼龙类更大。神龙翼龙科可能无法奔跑，但它们可以快速、有效率地行走。

借由比较翼龙类与现代鸟类的手掌、脚掌与身体的比例，科学家可以推测翼龙类在地表的生活方式。与神龙翼龙科的体型与后肢相比，它们的脚掌相当小，脚掌长度是胫骨的 25%～30%。这显示神龙翼龙科较适合在干燥、硬的地面上行走。无齿翼龙的脚掌较长，长度是胫骨的 47%。滤食性的翼龙类（例如梳颌翼龙超科）具有非常大的脚掌，举例而言，翼手龙属的脚掌长度是胫骨的 69%，而南翼龙的脚掌长度是胫骨的 84%，大的脚掌、胫骨比例代表它们适合在软而泥泞的地面行走，类似现代鸟类。

繁　　衍

关于翼龙类的繁衍行为的资料很少。在中国辽宁省的一个采石场发现了 1 个翼龙类的蛋，同一个地点也发现了许多著名的有羽毛恐龙。这个蛋被压扁，但没有破碎的迹象，显示这个蛋有皮革质的外壳，如同今日的蜥蜴。胚胎的翼膜已经发展良好，显示翼龙类出生后不久就可以飞行。索伦霍芬石灰岩发现的非常年轻的个体可以证实，该个体可能飞跃潟湖的中央时，摔落并淹死。目前不确定翼龙类的父母是否会照顾后代，但从它们相对较早的飞行能力，显示幼年体并非完全依靠亲代。

2007 年，一个关于翼龙类蛋壳结构与组成的研究，指出它们可能会掩埋它们的蛋，类似今日的鳄鱼与乌龟。对于早期的翼龙类，将蛋掩埋可以减轻蛋本身所需的重量，但会限制翼龙类所能生存的环境；在鸟类出现后，更会面对鸟类的竞争。另一种可能则是将蛋置于身体之下，直到孵化前，类似某些蜥蜴的做法，但大部分主龙类不采用此方法。

起　　源

翼龙类的骨骼结构因为适应飞行而有大幅改变，而且没有它们最直接祖先的描述，所以目前对翼龙目的起源了解不多。因为它们的踝部结构，翼龙类被认为与恐龙是近亲。目前已有数个相关理论，其中近年最盛行的是类似 Scleromochlus 的鸟颈类主龙，或者是类似沙洛维龙的原蜥形目动物。目前至少有一位翼龙类专家，大卫·安文（David Unwin），认为这些动物因为个别的生理特征，都不符合翼龙类祖先的假设。因为翼龙类被证实没有树栖生活的演化适应，所以它们的飞行演化途径被认为跟鸟类不同路线，鸟类的飞行演化途径是"从树往下的"。大多数方案认为翼龙类是从长腿的陆地奔跑动物演化而来的，如 Scleromochlus 或沙洛维龙，上述两者都有皮膜，从后腿延展至身体或尾巴。这些研究显示翼龙类的飞行演化途径是"从地面往上"，或是攀爬悬崖。

2008 年，一份研究显示最早的翼龙类是群树栖、食虫的小型动物。

灭　　绝

一般认为早期鸟类的竞争，导致许多翼龙类灭绝。到了白垩纪末期，只发现大型翼龙类；而较小的物种灭绝，生态位由鸟类取代。但是，化石纪录中缺乏小型翼龙的现象也可能是因为它们的骨架脆弱、难以保存所致。白垩纪末灭绝事件灭绝了恐龙、翼龙类、与许多其他动物。其他人提出大多数翼龙类依靠海洋的生活发展。所以当这次灭绝事件严重地影响翼龙类赖以为生的海洋生物时，翼龙类灭绝了。

异 齿 龙

异齿龙（属名：Dimetrodon），又名异齿兽、长棘龙，是肉食性合弓动物（似哺乳爬行动物）中的一属，生存于二叠纪时代，即2.8亿~2.65亿年前。它们与哺乳类的关系较接近，离真爬行动物（如恐龙、蜥蜴、鸟等）较远。

尽管一般大众将异齿龙联想是恐龙的一分子，但异齿龙其实并不是恐龙。更确切地说，它们被归类为盘龙目。异齿龙的化石在北美与欧洲等地均有被发现，新墨西哥州甚至发现异齿龙的足迹化石。二叠纪时北美与欧洲的气候大概像大陆性气候一样干燥，所以异齿龙有很强的适应能力。

特 征

在它们生存的时代里，异齿龙是顶尖的大型猎食者，身长达3米。它的名字的意思是"两种尺寸的牙齿"，因为它的大型头颅骨中有两种不同形态的牙齿（切割用的牙齿与锐利的犬齿）。有这种差异的生物通称为异齿动物。它利用4只往侧边摊开的脚及大型尾巴来支撑身体。异齿龙也许以类似现今蜥蜴的方式行走。

帆 状 物

异齿龙最明显的特征是背上的帆状物，另一种盘龙类基龙也有这种特征。这种帆状物可能用来控制体温，背帆的表面可使加热、冷却更有效率。这种温度的调节非常重要，因为可让它有更多的时间来捕食猎物。

帆状物也有可能用作求偶或是吓阻猎食者。帆状物是由脊椎股骨支撑，每一条都是来自个别的脊骨。1973 年，有研究计算 1 只 200 千克的异齿龙从 26℃提升到 32℃的体温，若没有帆状物需要 205 分钟，但若有则只需 80 分钟。

与现代哺乳类的关系

异齿龙是一个原始合弓类生物，与人类及现代哺乳类的关系很远。合弓动物是第一种演化出不同形态牙齿的四足动物。爬行动物是很难切碎食物，只是吞咽下去，但像异齿龙等的合弓动物可以用牙齿切割食物成小块，方便消化。异齿龙的两种不同形态的牙齿最后发展成现代哺乳类的不同的功能牙齿。

杯 鼻 龙

杯鼻龙（属名：Cotylorhynchus）是种大型卡色龙类盘龙目动物，生存于二叠纪早期到中期的北美洲南部。杯鼻龙是目前已知最大的卡色龙类与盘龙目动物，C. hancocki 是那个时代最大的四足动物。

如同其他卡色龙类，杯鼻龙是草食性动物。因为杯鼻龙的体型过大，所以它们不怕任何肉食性动物。

叙 述

杯鼻龙的体型巨大，但头部小，身体呈大水桶状。杯鼻龙身长 6 米，重达 2 吨。杯鼻龙具有大的肩胛乌喙骨，肱骨末端呈喇叭状，四肢粗壮，脚掌扁平，具有大型趾爪。它们可能利用趾爪挖掘植物，或挖掘栖息用的洞穴。

科学家认为杯鼻龙的趾爪具有一定的动作范围。趾爪腹侧的缩突大，允许它们作出强力的趾爪动作。掌骨的关节表面倾斜，而非垂直，有更多的表面允许屈肌附着。

杯鼻龙的头骨具有大型颞颥孔、大型鼻孔，可能促进呼吸，或拥有某种感应或保存湿气的器官。杯鼻龙还具有大型松果孔，上颌向齿列外突出，形成喙嘴。头骨的外表有着深的凹槽与裂缝。微小的牙齿相当类似鬣蜥的牙齿，后段的牙齿具有垂直的齿尖。

发　　现

杯鼻龙是羊膜动物第一波辐射演化出的动物之一。杯鼻龙目前已经发现 3 个种：C. hancocki、C. romeri 以及 C. bransoni。C. romeri 的体型较小，化石发现于俄克拉荷马州克里夫兰县。

C. hancocki 可能是从 C. romeri 演化而来，化石发现于德州哈德曼县与诺克斯县。C. bransoni 的化石则是发现于奥克拉荷马州金菲舍县与布莱恩县。

二齿兽类

二齿兽下目（Dicynodontia）是群似哺乳爬行动物，属于兽孔目缺齿亚目。二齿兽类是一群体型从大型到小型、长着 2 支长牙的草食性动物。它们也是最成功且多样性的兽孔目（不计算哺乳类的状况）动物，已知多达 70 属，大小从老鼠到牛都有。

特　　征

二齿兽类的头骨有高度特化的特征：轻但强壮、头骨后方的颞颥孔变得较大，可容纳更大的下颌肌肉。

头骨与下颌的前方通常是狭窄的、缺乏牙齿；原始物种的嘴部前段仍有牙齿。嘴巴前部有着角状的喙状嘴，就像乌龟与角龙类一样。当嘴巴闭起时，下颌闭起产生强力的切割动作，让二齿兽类可处理坚硬的陆生植物。

许多属拥有 1 对长牙，可能是同种不同性别的性。

它们的身体是短、笨重、水桶腰，四肢强壮。大型物种（例如恐齿龙兽）的后肢直立于身体之下，但前肢的肘部弯曲。肩胛骨与肠骨都是大而粗壮。尾巴很短。

演 化 史

二齿兽类在中二叠纪首次出现，在一阵快速的演化辐射后，成为晚二叠纪最成功且大量的陆地脊椎动物。在这段期间，它们占据大量多样性的生态位，包括大型、中型、小型、与短腿穴居的动物。

只有两科在二叠纪—三叠纪灭绝事件中存活下来，其中一科水龙兽科是三叠纪最早期（印度阶）最常见且广布的草食性动物。这些中等大小动物演化出肯氏兽科，并被肯氏兽科取代，肯氏兽科是笨重、猪到牛大小的草食性动物，从奥伦尼克阶到拉丁阶期间是最大量且广布的动物。

到了卡尼阶，肯氏兽科被犬齿兽类的 Traversodontidae 科、三棱龙类超越。在二叠纪晚期（诺利克阶），可能因为逐渐地干燥，它们迅速地衰落，而大型草食性动物的位置被蜥脚形亚目恐龙所取代。

随着肯氏兽科的衰落与灭亡，合弓纲不再是大型、优势、草食性动物。直到古新世中期，犬齿兽类的直系后代哺乳类兴起，在恐龙灭亡后快速地繁盛、多样化。

过去认为二齿兽类在三叠纪末期完全绝种。但是最近的证据显示二齿兽类在冈瓦那大陆南部（现在昆士兰）存活下来。如果属实，这将是地质历史上的另一个"拉撒路物种"（Lazarus taxon）实例（拉撒路物种意思是那些在化石纪录中突然消失又出现的物种）。

沧　龙

沧龙（学名：Mosasaurus）意为"默兹河的蜥蜴"，是沧龙科的一个属。它们是群肉食性海生爬行动物，拥有巨大的头部、强壮的颌部与尖锐的牙齿，外形类似具有鳍状肢的鳄鱼。

沧龙生活于白垩纪的麦斯特里希特阶（7000万~6500万年前）的西欧海域。第一具化石于18世纪末期在荷兰默兹河附近被发现。卡普林鳄曾经被归类于鳄形超目地蜥鳄科，目前是沧龙属的一个次异名。

历　史

沧龙是沧龙科中第一个被命名的属。第一具可归类于沧龙的化石，是个破碎的头骨，是在1766年发现于荷兰南端马斯特里赫特的一个石灰岩矿坑，当时市内的建筑是使用采石场的石灰岩来建造的。

1770年时，当地一个荷兰的陆军外科医生C. L. Hoffmann对石灰岩上的奇怪骨骸有着浓厚的兴趣，开始出钱收集这些化石。1774年，一个状态良好的头骨被发现，引起大众对于这些骨头的兴趣、争议，认为它们是大洪水时代之前的动物。数年后，法国陆军占领荷兰，化石被送到法国。

法国科学家乔治·居维叶（Georges Cuvier）最初认为这些化石是种鳄鱼，后来认为它们是种巨型蜥蜴。1822年，威廉·丹尼尔·科尼比尔（William Daniel Conybeare）将这个化石命名为沧龙（Mosasaurus），以流经马斯特里赫特的默兹河为名。

1829年，吉迪恩·曼特尔（Gideon Mantell）建立种名，以发现模式标本的C. K. Hoffman医生为名。沧龙的模式标本目前正在巴黎自然历史博物馆（Muséum National d'Histoire Naturelle）中展出。

特　征

就像海王龙与海诺龙这些巨大的同类一样，沧龙的身长可以达到 15 米。沧龙的体型较海王龙亚科粗壮，10 米长的沧龙体重，相当于 15 米长的海王龙。

比起其他的沧龙类，沧龙的头部是更强壮的，下颌的骨头间关节紧密，因此沧龙无法像早期沧龙类（例如海王龙）一样将猎物整只吞下。沧龙的牙齿弯曲、锐利、呈圆锥状，沧龙应是将猎物撕裂后再吞下。沧龙拥有大的眼睛，但是视觉与嗅觉并不灵敏。

沧龙的身体呈长桶状，尾巴强壮，外形类似蛇，具有高度流体力学性。沧龙的前肢具有 5 趾，后肢具有 4 趾，四肢已演化成鳍状肢，前肢大于后肢。沧龙可能借由摆动身体而在水中前进，如同现代海蛇。

古生物学家认为沧龙生活在海洋的表层，捕食鱼类、菊石类与海龟，可能还包括其他小型的沧龙类。

分　类

沧龙科可分为数个亚科，沧龙属于沧龙亚科。沧龙亚科也可分为数个族，沧龙属于其中的沧龙族（Mosasaurini），沧龙族还包含硬椎龙、莫那龙、Amphekepubis 以及 Liodon。

蛇 颈 龙

蛇颈龙（属名：Plesiosaurus）是种大型的海生爬行动物，属于鳍龙超目，存在于早期的侏罗纪，身长 3～5 米。在德国与英国的里阿斯统（Lias）发现了接近完整的骨骸。它们的特色在于小头、细长的颈部、像乌龟般宽阔的身体、短尾巴、与 2 对大且细长的鳍状肢。

它的名字后来成为蛇颈龙目的名称来源，但蛇颈龙本身年代相当早，是该目典型的属。

发　　现

蛇颈龙是首批被发现的大洪水爬虫类之一，由玛丽·安宁（Mary Anning）发现，并在维多利亚时代的英国引起相当大的轰动。它由 William Conybeare 命名为蛇颈龙（Plesiosaurus），意为"接近蜥蜴"，意指它比鱼龙还接近现代蜥蜴，鱼龙的化石比蛇颈龙早几年在相同地点被发现。

叙　　述

蛇颈龙的口鼻部很短，但嘴巴可以张得很大，下颌里长有许多位在齿槽的圆锥状牙齿，类似现在的恒河鳄。颈部相当地细长，但因为脊椎骨很紧密地连接在一起，颈部相当地不灵活，因此蛇颈龙可能无法如同许多重建图里，像天鹅般弯曲颈部。颈部以外的脊椎骨也是很紧密地连接在一起，而且蛇颈龙没有荐骨。肋骨呈单头式，2 对鳍状肢之间的腹部肋骨排列得相当紧密。短小的尾巴笔直且为椎状。

支撑鳍状肢的肩带与骨盆扩张很大，胸弧类似乌龟身上相对应的骨头。

脚部是细长的鳍状肢，有 5 个完整的脚趾，每个脚趾由相当大的趾骨组成。从有些皮肤的痕迹推断鳍脚是平滑的，而非长满鳞片。

生活方式

蛇颈龙是海生动物，猎取箭石、鱼，或是其他猎物维生。蛇颈龙以 U 形的嘴部、锐利的牙齿捕抓猎物。它们以 2 对鳍脚推动身体，尾巴因为太短而不能推动身体前进。在水中游泳时，颈部可能有控制方向的功能。

目前仍不确定蛇颈龙是爬上海岸产卵，如同现代海龟，或是直接在海水中生出幼体，类似海蛇。

种

蛇颈龙属过去一度成为中生代蛇颈龙类里的"未归类物种的集中地"。最近科学家将鳍龙超目重新分类后,许多原先被归类到蛇颈龙属的种改列到其他科与属。只有两种被确定的列入本属。

P. dolichodeirus:模式种,发现于莱姆里吉斯的下里阿斯统(锡内穆阶)地层,身长约 3 米。同一地层组发现的其他蛇颈龙类身长 5~6 米。

P. guilelmiimperatoris:发现于符腾堡的上里阿斯统(托尔阶),曾发现大型且接近完整的骨骸。皮肤上似乎有垂直的菱形板;如果真的有,许多蛇颈龙类应该有相同结构。

三 叶 虫

三叶虫(Trilobite)是节肢动物门中已经灭绝的三叶虫纲中的动物。它们最早出现于寒武纪,在古生代早期达到顶峰,此后逐渐减少至灭绝。最晚的三叶虫于 2 亿 5 千万年前二叠纪结束时的生物集群灭绝中消失。

三叶虫是非常知名的化石动物,其知名度可能仅次于恐龙。在所有的化石动物中三叶虫是种类最丰富的,至今已经确定的有 9(或者 10)个目,1.5 万多个物种。

大多数三叶虫是比较简单的、小的海生动物,它们在海底爬行,通过过滤泥沙来吸取营养。它们身体分节,有带沟将身体分为 3 个垂直的叶。在世界各地都有发现过其化石。

三叶虫的躯体分 3 个体段(tagmata):头部由口前的 2 个环和口后的 4 个环完全融合在一起组成,胸部由可以相互运动的环组成,尾部由最后几个与尾扇完全融合在一起的环组成。最原始的三叶虫的尾部还相当简单。三叶虫的胸部非常灵活——化石的三叶虫往往像今天的地鳖一样卷在一起来保护自己。

三叶虫有一对口前的触角，它的其他足之间没有区别。每个足有 6 个节，这与其他早期的节肢动物类似。第一节还带有羽毛似的副叶被用来呼吸和游泳。躯体上有从中叶伸出的侧叶。这个横向的三叶结构是三叶虫名字的来源，而不是它纵向分为头、胸、尾三部分。

虽然三叶虫只在背部有盔甲，但是它们的外骨骼还是相当重的，它们的外骨骼是由甲壳素为主的蛋白质联合方解石和磷化钙等矿物组成的。

不像其他节肢动物那样能够在蜕皮前重新吸收外骨骼中的大部分矿物，三叶虫蜕皮是将所有盔甲中的矿物全部抛弃，因此一个三叶虫可以留下多个良好的矿物化的外骨骼，这提高了三叶虫化石的数量。在蜕皮时，外骨骼首先在头部和胸部之间分开，这是为什么许多三叶虫的化石不是缺少头部就是缺少胸部的原因，其实许多化石是三叶虫蜕掉的皮，而不是死去的三叶虫形成的。

大多数三叶虫的头部有两个面部缝合来简化蜕皮过程。头部的两侧有一对复眼，有些种的复眼相当先进。事实上约 5.43 亿年前三叶虫是第一批进化出真正的眼睛的动物。有人认为眼睛的出现是导致寒武纪生命大爆发的原因。

从奥陶纪到泥盆纪末一些三叶虫（比如裂肋三叶虫目）进化出了非常巧妙的棘椎（Spines）似的结构。尤其在摩洛哥发现了这样的化石，不过要当心的是许多从摩洛哥出售的带有棘椎（Spines）结构的三叶虫化石实际上是伪造品。

此外在俄罗斯西部、美国俄克拉荷马州以及加拿大安大略省也有带棘椎（Spines）结构的化石被发现。这种棘椎（Spines）结构可能是对于鱼的出现的一种抵抗反应。

据《新科学家》（2005 年 5 月）的报道"有些……三叶……的头上有类似现代甲虫的角。"根据这些角的形状、大小和位置伦敦大学玛利皇后学院的罗布·克奈尔（Rob Knell）和伦敦自然历史博物馆的理查德·福提得出结论，认为它们用来作为寻找配偶时进行角斗。假如这个理论正确的话，三叶虫是进化史上最早表现这个行为的动物。

三叶虫的大小在 1 毫米至 72 厘米，典型的大小在 2～7 厘米。最大的三叶虫

Isotelus rex 是 1998 年在加拿大哈得森湾边上奥陶纪的岩石里发现的。

许多三叶虫有眼睛，它们还有可能用来作味觉和嗅觉器官的触角。有些三叶虫是瞎的，可能它们居住在非常深的海底，那里没有光，因此用不着眼睛。有些（比如 *Phacops rana*）有很大的眼睛。

三叶虫的眼睛是由方解石（碳酸钙，$CaCO_3$）组成的。纯的方解石是透明的，有些三叶虫使用单晶的、透明的方解石来组成其每只眼睛的透镜。这与大多数其他节肢动物不同，大多数节肢动物使用软透镜、由甲壳素组成的眼睛。三叶虫坚固的方解石透镜无法像人的软晶状体的眼睛那样来调节焦距。但是有些三叶虫的方解石组成一个内部的、复合结构，这个结构可以降低球差，同时提供极好的景深。在今天生存的动物中蛇尾海星 *Ophiocoma wendtii* 使用类似的透镜。

典型的三叶虫眼睛是复眼，每个透镜都是一个拉长的棱镜。每只复眼内的透镜数不等，有些只有一个，有些可达上千。在这样的复眼中其透镜一般排列为六边形。

发　育

从卵中孵化出来的幼虫被称为原甲期（Protaspid），在这个阶段里所有环全部融合在一起形成一个单一的盔甲。在此后的生长期里，在每次蜕皮时，在尾部前会增加新的胸部环。此后在蜕皮时环的数目不再增加。对三叶虫的幼虫阶段人们的认识很丰富，它们为研究三叶虫之间的亲缘关系提供了非常重要的帮助。

来　源

基于形态上的类似三叶虫的祖先可能是类似于节肢动物的动物如斯普里格蠕虫或其他隐生宙埃迪卡拉纪时期类似三叶虫的动物。早期三叶虫与伯吉斯页岩和其他寒武纪的节肢动物化石有许多类似的地方。因此三叶虫与其他节肢动物可能在埃迪卡拉纪和寒武纪的交界之前有共同的祖先。

灭　绝

三叶虫灭绝的具体原因不明，但是志留纪和泥盆纪时期两腭强大，互相之间由关节连接的鲨鱼和其他早期鱼类的出现与同时发生的三叶虫数量的减少似乎不是无关的。三叶虫为这些新动物可能提供了丰富的食物。

此外到二叠纪后期时三叶虫的数量和种类已经相当少了，这无疑为它们在二叠纪—三叠纪灭绝事件中灭绝提供了条件。此前的奥陶纪——志留纪灭绝事件虽然没有后来的二叠纪—三叠纪灭绝事件那么严重，但是也已经大大地减少了三叶虫的多样性。

今天存在的与三叶虫最接近的动物可能是头虾纲的动物。

化石分布

由于三叶虫总是与其他海洋动物的化石一起被发现，因此它们看来全部在海洋中生活。在远古海洋中三叶虫的生活环境从浅海到深海非常广。偶尔三叶虫在海底爬行时留下的足迹也被化石化了。几乎今天的所有大陆上均有三叶虫化石被发现，它们似乎在所有远古海洋中均有生存。

今天在全世界发现的三叶虫化石可以分上万种，由于三叶虫的发展非常快，因此它们非常适合被用作标准化石，地质学家可以使用它们来确定含有三叶虫的石头的年代。三叶虫是最早的、获得广泛吸引力的化石，至今为止每年还有新的物种被发现。一些印第安人部落认识到三叶虫是水生动物，他们称三叶虫为"石头里的小水虫"。

在英属哥伦比亚、纽约州、中国、德国和其他一些地方发现过非常稀有的、带有软的身体部位如足、鳃和触角的三叶虫化石。

在俄罗斯、德国、摩洛哥、美国和加拿大均有商业采集三叶虫化石的企业。